信息技术基础学习指导

XINXIJISHU JICHU XUEXIZHIDAO

主　编　杨维章　孔外平
副主编　程　峻　万严冰　周云鹏　於　慧
编　者（以姓氏笔画排序）
万严冰（南昌市卫生学校）
万志华（江西护理职业技术学院）
孔外平（江西医学院上饶分院）
文　旭（江西护理职业技术学院）
吴　娜（江西医学院上饶分院）
张广健（萍乡市卫生学校）
李　静（南昌市卫生学校）
朱筱红（南昌市育英学校）
杜俊远（萍乡市卫生学校）
杨维章（江西护理职业技术学院）
陈书敏（江西医学院上饶分院）
陈章仁（萍乡市卫生学校）
周云鹏（景德镇市卫生学校）
周艳艳（江西护理职业技术学院）
於　慧（江西护理职业技术学院）
胡远青（江西警察学院）
程　峻（江西医学院上饶分院）
潘斌辉（江西医学院上饶分院）
魏　成（萍乡市卫生学校）

江西科学技术出版社

图书在版编目(CIP)数据

信息技术基础学习指导/杨维章,孔外平主编. —南昌:江西科学技术出版社,2011.5
ISBN 978-7-5390-4140-7
Ⅰ.①信… Ⅱ.①杨…②孔… Ⅲ.①电子计算机—中等专业学校—教学参考资料 Ⅳ.①TP3
中国版本图书馆CIP数据核字(2011)第080549号

国际互联网(Internet)地址:
http://www.jxkjcbs.com
选题序号:**KX**2011061
图书代码:**X**11034-103

信息技术基础学习指导　　杨维章 孔外平 主编

出版 发行	江西科学技术出版社
社址	南昌市蓼洲街2号附1号 邮编:330009 电话:(0791)86623491 86639342(传真)
印刷	南昌市光华印刷有限责任公司
经销	各地新华书店
开本	787mm×1092mm 1/16
字数	240千字
印张	10.5
版次	2011年7月第1版 2013年8月第3次印刷
书号	ISBN 978-7-5390-4140-7
定价	20.00元

赣版权登字-03-2011-125

前　言

随着信息技术的高速发展，特别是 Internet 的普及，计算机的应用已经扩展到科技、经济、军事和社会生活的各领域，对社会生产活动和人类的生活方式、思维方式产生了巨大的影响。信息技术的普及在教育活动中的地位和作用也显得越发重要。

21 世纪是以信息经济为标志的充满竞争的时代，信息技术及其应用能力是人才社会竞争力的重要组成部分。信息技术课程的教学内容也随着信息技术的高速发展而不断更新，为此我们组织编写了《信息技术基础学习指导》配套教材，供各类大中专职业院校的信息技术基础教学和实践使用。

本书作者长期从事信息技术基础课程的教学和研究工作，具有丰富的教学和科研经验。本书从大中专院校的信息技术教学要求出发，吸纳了信息技术发展中的新技术和新成果，强调知识与应用相结合，注重基本知识的掌握和基本操作能力的培养。本书充分考虑了各类计算机初学者的现状，力求通俗易懂、概念清晰、深入浅出、重点难点突出。

本书共分 6 章，内容包括计算机基础知识、Windows XP 操作系统、Word 2003 文字处理软件、Excel 2003 电子表格软件、PowerPoint 2003 演示文稿软件、计算机网络基础和 Internet 应用。每章内容都包含重点难点提示、综合练习和习题参考答案三个部分，“重点难点提示”部分对教材中的重点和难点知识或操作进行详细的讲解，方便读者对教材内容进行深入、透彻的学习和领悟。“综合练习”部分选取了极具代表性的大量习题，涵盖了所有的知识点，有助于读者及时巩固所学知识。“习题参考答案”部分内容给出了选择题和填空题的参考答案，便于读者参考。

本书由杨维章、孔外平、程峻、潘斌辉、万严冰、周云鹏、杜俊远、於慧、李静、万志华、文旭、吴娜、张广健、朱筱红、陈书敏、陈章仁、周艳艳、魏成、胡远青共同编著，全书由杨维章统稿。本书在编写过程中参考了大量专家和同行的著作，本书的编写还得到了作者所在单位的领导和同仁们的帮助和建议，在此谨向他们表示衷心的感谢。

由于时间紧迫和作者水平有限，书中难免存在不足之处，敬请读者批评指正。

作　者

2011 年 5 月

前言

目 录

第　1　章　计算机基础知识

1.1　重点、难点提示

1.1.1　计算机的发展和应用

重点1　计算机的发展

1946年世界上第一台电子数字积分计算机ENIAC（Electronic Numerical Integrator And Calculator）诞生于美国宾夕法尼亚大学。

根据所采用电子元件的不同，计算机的发展可划分为电子管、晶体管、集成电路和大规模、超大规模集成电路四代。

未来的计算机将向着巨型化、微型化、网络化、智能化等方向发展。

重点2　计算机的特点和分类

计算机有以下特点：运算速度快、计算精度高、存储容量大、可靠性高、自动化程度高、通用性强。

计算机分类情况如下：

●按适用范围可分为通用计算机和专用计算机。

●按性能可分为超级计算机、大型计算机、小型计算机、工作站和微型计算机。

超级计算机也称为巨型机，是指在现阶段功能最强、速度最快、价格最贵的计算机。微型机也称为个人计算机（或PC），特点是小巧、便宜。

●按所能处理的数据类型的可分为数字计算机、模拟计算机和混合计算机。

●按字长可分为8位机、16位机、32位机和64位机。

重点3　计算机的应用

计算机的应用主要有以下几个方面：

●科学计算：用于解决科研和工程技术中出现的复杂计算问题，如军事、航天、气象预测等。

●数据处理：用于各种形式的信息处理。

●过程控制：也称为实时控制，利用计算机采集、分析处理数据并及时反馈或自动控制的过程。

●计算机辅助系统:如计算机辅助设计(CAD)、计算机辅助制造(CAM)、计算机辅助教学(CAI)等。

●娱乐生活:如听音乐、看电影、玩游戏等。

1.1.2 计算机系统的组成和工作原理

重点1 计算机系统的基本组成(难点)

计算机系统是由计算机硬件系统和计算机软件系统两大部分组成。计算机系统的组成如图1-1所示。

- 计算机系统
  - 硬件系统
    - 主机
      - 中央处理器(CPU)
        - 运算器
        - 控制器
      - 主存储器
        - RAM
        - ROM
    - 外部设备
      - 外存储器:硬盘、光盘、U盘
      - 输入设备:键盘、鼠标、扫描仪等
      - 输出设备:显示器、打印机、音箱等
  - 软件系统
    - 系统软件
      - 操作系统
      - 语言处理程序
      - 数据库管理系统
      - 服务程序
    - 应用软件
      - 通用应用软件:office2003、photoshop、CAD、财务软件等
      - 专用应用软件:用户定制的有特殊需求和功能的软件

图1-1 计算机系统的组成

计算机硬件系统是组成计算机的物理实体的总称。

计算机软件是指计算机中的各种程序、数据和相关文档的总称。

重点2 计算机的工作原理(难点)

数学家冯·诺依曼提出了计算机的工作原理可归纳为以下三条:

1. 计算机硬件系统由五大功能部分组成,即控制器、运算器、存储器、输入设备和输出设备。

2. 计算机内部采用二进制工作。

3. 计算机工作过程采用"存储程序控制"原理。

程序是为解决具体问题而编制的指令序列。所谓指令,是指给计算机发出的一个用二进制代码表示的基本操作命令。指令的格式是:操作码+地址码(或操作数)。操作码规定计算机要执行什么操作,如加、减、乘、除等,地址码指明被操作的数据从哪里来,操作结果存放何处。一条指令只能完成一个简单的操作,一个复杂的问题往往可以分解成一系列的简单操作,并用若干条指令来完成的,这种具有特定功能的指令序列,称为程序。计算机在工作时,只要按规定的流程执行程序中的各条指令就能完成既定任务。

所谓"存储程序控制",就是把预先编制好的程序和数据保存在计算机的存储器中。计算机工作时,自动地从存储器中取出指令并按顺序执行,直到全部指令执行完毕。"存储程序控制"原理使计算机能够自动、连续、高效地工作。

重点3　计算机的硬件的基本结构

计算机硬件系统结构由五大部件即运算器、控制器、存储器、输入设备和输出设备组成。

●运算器(Arithmetic Logic Unit,ALU),主要功能是进行算术运算和逻辑运算。

●控制器(Control Unit,CU),指挥计算机的各部件协调工作,保证运算过程有效、可靠地进行。

●存储器(Memory),用来存储程序、数据和文档等。分为内存储器和外存储器两类,CPU只能直接在内存中读取数据或写入数据(也称为访问内存),外存中数据必须先读入内存后才能被CPU使用。

●输入设备(Input Device),用来向计算机输入各种信息,并把输入的信息转换成二进制代码。常用的输入设备有键盘、鼠标和麦克风等。

●输出设备(Ouput Device),用来输出计算机处理后的信息。常见输出设备有显示器、音箱、打印机等。

输入设备和输出设备合称I/O设备。

重点4　计算机软件系统(难点)

计算机需要安装相应的计算机软件才可以使用。计算机软件系统可分为系统软件和应用软件两大类。

1.系统软件:系统软件是控制计算机运行、管理计算机资源或为应用软件提供支持和服务的软件,一般包括操作系统、计算机语言、语言处理程序和数据库管理系统等。

(1)操作系统:操作系统是管理计算机资源、监控和协调计算机运行、为用户和应用程序提供接口的程序系统。操作系统包括五个功能模块:处理器管理、存储管理、设备管理、文件管理和作业管理。

操作系统种类较多,常见的操作系统类型有单用户操作系统、多用户操作系统、批处理操作系统、网络操作系统、分时操作系统等等。常见的操作系统有:DOS、Windows 95/98/2000/xp/Vista/7系列、Windows NT Server/2003 Server、NetWare、Unix、Linux、MAC OS、DOS/2等。

(2)程序设计语言及语言处理程序:程序设计语言通常分为三类:机器语言、汇编语言和高级语言。

①机器语言:计算机中的所有的指令集合称为指令系统,指令系统也称为机器语言。机器语言的每一条指令都是一串二进制代码。机器语言是计算机唯一能识别且直接执行的语言,也是所有计算机语言中效率最高的语言。

②汇编语言:汇编语言是符号化的机器语言。把机器语言的指令用易于识别和便于记忆的符号来表示就形成了汇编语言。汇编语言所编写的程序叫做汇编语言源程序,必须翻译成机器语言程序后才能被计算机识别和执行,这个过程称为汇编过程。

③高级语言:是指语句和语法更接近于自然语言和数学语言的程序设计语言。高级语言是相对于机器语言和汇编语言而言的。常见的高级语言有Basic、C、VB、VC、Foxpro、Delphi、Java等。

高级语言所编写的程序(称为高级语言源程序)不能被计算机识别,必须经过解释或编译,也就是将程序源代码翻译成目标代码(机器语言)才能被计算机识别和执行。能够把高级语言源程序翻译成机器语言的一组程序称为语言处理程序。

(3)数据库管理系统:数据库管理系统是指对大量的数据进行处理、加工和管理的系统软件。常见的数据库管理系统有:FoxBase、Oracle、Sybase、SQL Server、FoxPro、Visual FoxPro、DB2 等。

2. 应用软件

应用软件是为解决实际问题而设计的软件系统。如计算机辅助绘图软件 AutoCAD、图形图像处理软件 Photoshop、办公软件 MS Office 和 WPS Office、三维动画工具软件 3DS MAX、多媒体制作软件 Authorware 和 Flash、压缩和解压缩软件 WinRAR 和 WinZip 等。

1.1.3 微型计算机的硬件组成

重点 1 微型计算机的总线结构

所谓总线(Bus)是指系统各部件之间传输信息的公共通道。在微型计算机中,通过总线把 CPU、内存储器、外存储器、输入设备、输出设备连接起来,实现信息传输。

根据所连接的硬件部件来分,总线分为内部总线和系统总线。内部总线指同一部件内部的总线,如 CPU 内部的运算器、控制器和寄存器之间的总线;系统总线是指计算机中各种硬件设备之间的连接总线。

根据传输信息的类型,总线可分为数据总线、地址总线和控制总线。数据总线用来传输数据信息;地址总线传输地址信息;控制总线传输控制信息。

重点 2 主板

计算机的主板(Mother Board)也称系统板(System Board),是微型计算机中最大的一块电路板,主板的主要作用是连接微型计算机的各部件并为各部件提供信息传输的通道。它是计算机的关键部件。微型计算机的主板还含有 CPU 插座、内存条插槽、芯片组、ROM - BIOS 芯片、各种 I/O 扩展卡的插槽和硬盘、键盘、鼠标、软盘、串行/并行、USB 等各种设备的接口。

重点 3 中央处理器

中央处理器(CPU)也称微处理器,是计算机的核心部件。中央处理器主要由控制器、运算器和各种寄存器组成。其中控制器负责从存储器中取出、分析指令,并负责向其他各部件发出控制信号,保证各部件协调工作;运算器主要进行算术运算和逻辑运算。

重点 4 存储器(难点)

1. 度量存储容量的单位

位(bit,比特):是存储器容量的最小单位,一个位只能存储一个“0”或一个“1”,单位为 b。

字节:是存储器容量的最基本单位,单位是 Byte,通常用 B 表示。8 个二进制位组成一个字节,即 1B = 8b。在计算机存储器中每一个字节称为一个存储单元,每一个存储单元都有一个地址。

常用的存储器容量单位还有 KB(千字节)、MB(兆字节)、GB(吉字节)、TB(太字节),它们之间的换算关系如下：

1B = 8b

1MB = 1024KB = 1024 × 8Kb

1GB = 1024MB = 1024 × 1024KB

1TB = 1024GB = 1024 × 1024MB

2. 储容器的分类

存储器分为内存储器（简称内存或主存）和外存储器（简称外存或辅存）。

（1）内存用来存放正在执行的程序或数据，它可以和中央处理器（CPU）直接交换信息。内存一般分为随机存储器（Random Access Memory，RAM）、只读存储器（Read Only Memory，ROM）和高速缓冲存储器（Cache）。

CPU 可以对随机存储器进行“读”和“写”操作，断电后 RAM 中的数据将全部丢失。随机存储器 RAM 可分为 SRAM（Static RAM 静态 RAM）和 DRAM（Dynamic RAM 动态 RAM）。SRAM 的特点是不要刷新，只要不掉电，数据可以一直保持，存取速度快，但价格昂贵，CPU 中的高速缓冲存储器（缓存）用的就是 SRAM；动态 RAM 又分为 SDRAM、DDR SDRAM 和 RDRAM 三种。SDRAM（同步动态随机存储器），即它的工作速度是与系统总线速度同步的。DDR SDRAM（Double Data Rate SDRAM）是双倍速率同步动态随机存储器，习惯称为 DDR。DDR SDRAM 内存则能够在一个时钟周期内的时钟上升期和下降期各传输一次数据，它因此称为双倍速率同步动态随机存储器，目前已占据了市场的主流。RDRAM（Rambus DRAM）是美国的 RAMBUS 公司开发的一种内存。由于价格等原因 RDRAM 没有成为市场主流。

CPU 能从只读存储器中读取数据，不能写入数据，断电后 ROM 中的数据依然存在。ROM 主要分为三类：PROM（Programmable Read Only Memory）可编程只读存储器、EPROM（Erasable Programmable Read Only Memory）可擦除可编程只读存储器、EEPROM（Electrically Erasable Programmable Read Only Memory）电可擦写可编程只读存储器。

高速缓冲存储器（Cache）是为解决 CPU（速度快）与内存（速度慢）速度不匹配而设置的。CPU 要读取数据时，先从速度较快的 Cache 中查找，如果找到就立即读取并送给 CPU 处理，如果没有找到，就从速度相对较慢的内存中读取并送给 CPU 处理。使用 Cache 可以缩短 CPU 的等待时间，提高 CPU 的运行效率。

（2）外存储器又称为辅助存储器，主要用来存放暂时不用的程序或数据。外存储器中的数据只有调入内存后才能被 CPU 所使用。外存储器中保存的信息断电后不丢失。常用的外存储器有硬盘、光盘和 U 盘。

硬盘是最重要的外存，也是读取速度最快，容量最大的外存，目前使用的硬盘容量一般为 250GB ~ 1TB 不等；光盘是一种直径 120mm 的圆盘状的辅助存储器，需要使用光盘驱动器利用激光来读写信息。常见的光盘有只读光盘（CD - ROM）、一次性写入光盘 CD - R、可擦写光盘 CD - RW 和 DVD - ROM、DVD - R、DVD - RAM 等几种类型；U 盘也称闪存盘，它采用 Flash Memory（半导体存储器）作为存储介质，容量一般为几百 MB 到几十 GB，具有热插拔功能，通过 USB 接口与计算机连接；软盘是一种较老的存储器，一般容量为 1.44MB，软盘的容量小、读写速度慢且易损坏，目前已被 U 盘取代。

重点5　输入设备(难点)

计算机的输入设备是用户把要处理的信息传送到计算机内部的设备。目前,常用的输入设备有:键盘、鼠标、麦克风和扫描仪等。

●键盘

键盘是用户输入数据的常用设备。常用键盘一般有101个键,共分成五个区域:即功能键区、主键盘区、编辑键区、小键盘区和工作状态指示区。键盘分区如图1-2所示。

1. 功能键区位于键盘最上面一行,主要由ESC、F1至F12及屏幕打印键、屏幕锁定键、暂停键组成。在一般情况下,ESC键用于退出某种状态,F1是帮助键,ALT+F4键用来关闭当前窗口等。

2. 主键盘区位于键盘的左下部,由数字键0至9、字母键A至Z、特殊符号键、功能控制键组成。Enter(回车键),用于确认操作或换行,BackSpace(退格键)用于删除光标左边或选定的字符,按一下Tab键光标跳过若干列,Space(空格键)用于产生一个空格,光标右移一位;Shift上档键用于大/小写字母切换或输入双字符键中的上排字符,CapsLock(大写锁定键)用于将字母锁定为大写或小写状态。

3. 编辑键区位于键盘的中部,用于控制光标的移动。上、下、左、右键用来使光标分别向上、下、左、右移动一个行或一列;PageUP、PageDown键用于快速将光标向前、向后移动一屏;Home、End键用于将光标移动到一行的行首和行尾;Insert键也称插入键,在编辑状态时用于转换插入和改写状态;Delete键也称清除键,用来删除光标右侧位置的字符。

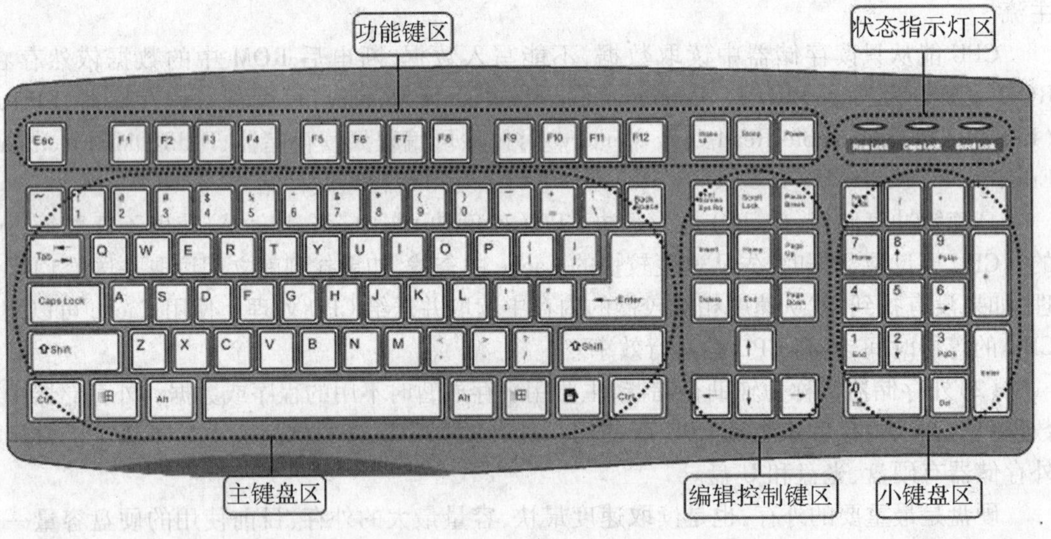

图1-2　键盘及其分区示意图

4. 小键盘区位于键盘的右端,主要用来输入数字或移动光标,其功能由数字锁定(NumLock)键状态决定。

工作状态指示区由三个状态指示灯组成,用于显示当前键盘状态。

●鼠标

鼠标是一种最常用的输入设备。一般由2至3个按键组成,移动鼠标可以改变光标在屏幕上的位置。鼠标主要用于定位光标、选择对象、拖动对象、打开菜单和选择命令等,鼠标的常用操作参见第二章。

其他输入设备还有麦克风、扫描仪、条形码阅读器、数码相机、摄影机等。

重点6　输出设备

微型计算机的主要输出设备有显示器、打印机、音箱或耳机、投影仪、绘图仪等。

●显示器

显示器是微型计算机中最重要的输出设备之一，用来显示计算机输出的文字、图形或视频信息。常用的显示器有阴极射线管显示器(CRT显示器)和液晶显示器(LCD显示器)。

显示器的主要性能指标有：

屏幕尺寸：指屏幕的对角线长度。常见的显示器屏幕尺寸范围为12~21英寸不等。

像素和点距：屏幕上独立显示的点叫做像素，相邻两个像素间的距离叫做点距。点距越小，单位面积内的像素点越多，图像越清晰，显示器的质量就越好。

分辨率：是指整个屏幕的像素点总数。用列像素数×行像素数来表示。如1024×768、1280×1024等。

刷新频率、亮度、对比度等也是显示器的性能指标，LCD显示器性能还包括可视角度、响应时间等。

●打印机

打印机是常用的输出设备之一，用来打印文本、图形、图像等内容。常用的打印机有以下三类：

针式打印机：也称点阵打印机。针式打印机的打印速度较慢，噪音较大，效果差，但耗材便宜。

喷墨打印机：工作原理是利用喷头将墨水喷射到纸张上形成字符或图形。喷墨打印机价格低廉、效果较好、无噪音，但打印速度慢，耗材较贵。

激光打印机：它将要打印的信息转换成矽鼓上的电信号，利用矽鼓吸粉后通过旋转把粉印在纸上的方式打印出文字或图形。激光打印机的打印效果好、速度快、噪音小，但价格较贵。

重点7　微型计算机的主要性能指标

1. 字长：是指计算机处理器一次能同时处理的二进制数据的位数。字长越长，计算机的处理能力越强，计算精度越高。字长有8位、16位、32位和64位等，现有的计算机的字长主要是32位和64位。

2. 主频：即CPU的时钟频率。一般情况下，主频越高计算机的处理速度就越快。主频以MHz、GHz为单位，目前主流CPU的主频为1~3GHz。

3. 存储容量：包括内存容量和外存容量。内容容量越大，计算机的性能就越好，外存容量越大，计算机能永久存储的信息就越多。目前PC机的内存容量常为1GB到4GB，外存容量为几百GB到1TB。

4. 运算速度：指计算机每秒钟所能执行的指令数，单位是MIPS(百万次/秒)。运算速度越快性能就越好。

1.1.4 数据在计算机中的表示

重点1 数制(难点)

1. 数制的概念

数制是指表示数的规则。数制包含基数和位权两个要素,一种数制所包含的数字符号的个数称为基数(用R表示)。一种数制中每一位数码所表示的数值的大小由数码本身的值和它所处的位置决定,其中由位置所决定的值称为位权。如十进制数7358中的7在千位上,千位的位权为10^3。最常用的数制是十进制,计算机使用二进制数。

2. 计算机科学中涉及的数制

计算机科学中涉及的数制有十进制、二进制、八进制和十六进制。

(1)十进制(Decimal):所用的数字符号有0、1、2、3、4、5、6、7、8、9共十个,基数R=10,即"逢十进一",位权为10^n。十进制数356.28的按权展开式为:

$356.28D = 3\times10^2 + 5\times10^1 + 6\times10^0 + 2\times10^{-1} + 8\times10^{-2}$

(2)二进制(Binary):所用的数字符号有0、1共二个,基数R=2,即"逢二进一",位权为2^n。二进制数1011.01的按权展开式为:

$1011.01B = 1\times2^3 + 0\times2^2 + 1\times2^1 + 1\times2^0 + 0\times2^{-1} + 1\times2^{-2} = 11.25D$

(3)八进制(Octal):所用的数字符号有0、1、2、3、4、5、6、7共八个,基数R=8,即"逢八进一",位权为8^n。八进制数723.2的按权展开式为:

$723.2O = 7\times8^2 + 2\times8^1 + 3\times8^0 + 2\times8^{-1} = 448 + 16 + 0.25 = 467.25D$

(4)十六进制(Hexadecimal):所用的数字符号有0、1、2、3、4、5、6、7、8、9、A、B、C、D、E、F共十六个(其中A、B、C、D、E、F分别表示数码10、11、12、13、14、15),基数R=16,即"逢十六进一",位权为16^n。十六进制数1AB的按权展开式为:

$1ABH = 1\times16^2 + 10\times16^1 + 11\times16^0 = 256 + 160 + 11 = 427D$

一般情况下,把R进制数M记作$(M)_R$,也可以在数字后加字母表示。如$(11011)_2$、$(763)_8$、$(196)_{10}$、$(AF07)_{16}$,或11011B、763O、196D、AF07H,分别表示二进制数11011、八进制数763、十进制数196、十六进制数AF07。

3. 数制转换

●二进制数、八进制数和十六进制数转换成十进制数时使用"按权展开"的方法,前面已经举例说明。

●十进制数转换成二进制数、八制数、十六进制数

将十进制数转换成R进制数时整数部分和小数部分分别使用不同的转换方法。

(1)整数部分:除以R取余数,即整数部分不断除以R取余数,直到商等于0为止,最先得到的余数为最低位,最后得到的余数为最高位。

(2)小数部分:乘以R取整数,即小数部分不断地乘以R取整数,直到小数为0或达到要求的精度。最先得到的整数为小数部分的最高位,最后得到的整数为小数部分的最低位。

例如,将十进制数183转换成二进制、八进制和十六进制数的方法如下:

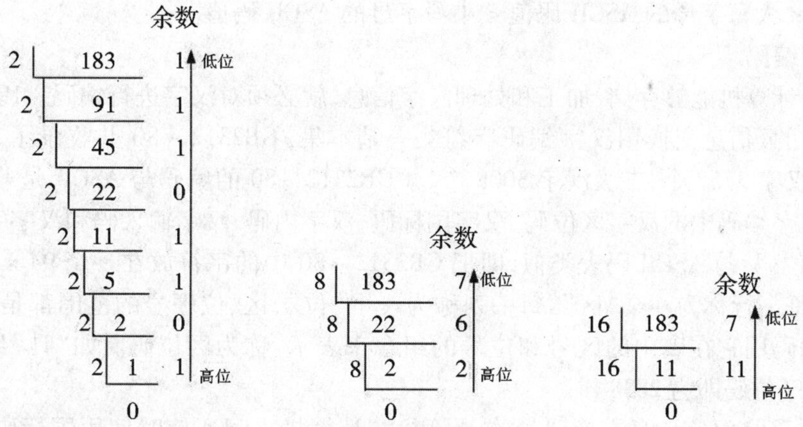

183D=10110111B　　183D=267O　　183D=B7H

●八进制数转换成二进制数

将每一位八进制数转换成三位二进制数,再去掉数字前后的 0 即可。

如$(172.26)_8=(001\quad 111\quad 010.\ 010\quad 110)_2=(1111010.01011)_2$

●十六进制数与二进制数相互转换

十六进制数转换成二进制数:将每一位十六进制数转换成四位二进制数,再去掉左右两端的 0 即可。

二进制数转换成十六进制数:整数部分从个位开始向左按每四位一组的方法分组,不足四位的组左边补 0,小数部分则从小数点右边第一位开始向右按每四位一组的方法分组,不足四位的组右边补 0,再将每一组四位二进制数代以一位十六进制数即可。

如$(360.A8)_{16}=(0011\quad 0110\quad 0000.\quad 1010\quad 1000)_2=(1101100000.10101)_2$

$(111101.10111)_2=(0011\quad 1101.\quad 1011\quad 1000)_2=(3D.B8)_{16}$

●十六进制数与八进制数相互转换

十六进制数与八进制数相互转换时,可以用前面介绍的方法,先将十六进制数(或八进制数)转换成二进制数,然后再将二进制数转换成八进制数(或十六进制数)。如:

$(763.25)_8=(111\quad 110\quad 011.\quad 010\quad 101)_2=(0001\quad 1111\quad 0011.\ 0101\ 0100)_2=(1F3.54)_{16}$

重点 2　字符编码(难点)

计算机只能识别和处理二进制代码,所以计算机要处理的数据都必须以二进制数的形式保存在计算机内部。本小节主要介绍西文字符编码 ASCII 和汉字编码。

1. ASCII

ASCII(American Standard Code for Information Interchange)全称为美国标准信息交换码,它是世界通用的字符编码。ASCII 编码由 7 位二进制数组成,一共定义了 128 个符。包括 10 个十进制数(0 ~ 9),52 个英文大写和小写字母,32 个通用控制符,34 个专用字符。需要注意的是,在 ASCII 码表中,同一类符号是按自然顺序连续排列在一起的,如数字 0 ~ 9。大写字母 A ~ Z,小写字母 a ~ z,另外这三类符号的 ASCII 码值的变化规律是:同类符号的 ASCII 码值依自然顺序递增,如 0 的码值 < 1 的码值 < 2 的码值 < … < 9 的码值;其次,数字的

ASCII 码值 < 大写字母的 ASCII 码值 < 小写字母的 ASCII 码值。

2. 汉字编码

要使得计算机能够存储、加工和处理汉字信息，就必须对汉字进行编码。1981 年由国家标准局颁布的《信息交换用汉字编码字符集—基本集》GB2312 - 80 共收录了 6763 个汉字（其中一级汉字 3755 个，二级汉字 3008 个）。GB2312 - 80 的编码与 ASCII 是兼容的。下面主要介绍汉字编码中的汉字区位码、汉字国标码、汉字内码、汉字输入码和汉字字形码。

(1) 区位码：与 ASCII 码表类似，即把 GB2312 - 80 中的字符放在一个 94 × 94 的二维表格，表格的每一行称为一个“区”，每一列称为一个“位”，区、位序号的范围都是 1 ~ 94，每一个汉字的编码用它在表中的区号和位号的组合来表示，称为区位码。如“计”字位于 28 区 38 位，它的区位码即为 2838。

(2) 国标码（汉字信息交换码）：在计算机与计算机之间通信时使用国标码。国标码是由区位码转换得到。将汉字的十进制区号和位号分别转化成十六进制数，再分别加 20H，就得到汉字国标码。如“计”字的区位码为 2838，转化为十六进制数后为 1C26H，1C26H + 2020H = 3C46H，则“计”字的国标码为 3C46H。

(3) 汉字内码：也称机内码，在计算机内部存储、处理和传输汉字信息时使用汉字内码。汉字内码与区位码、国标码的关系如下：

汉字内码 = 区位码（十六进制）+ A0A0H = 国标码 + 8080H

(4) 汉字输入码（也称为外码）：将汉字输入计算机时所使用的编码。如用全拼输入法输入“计”字，就要使用编码“ji”，则“ji”就是“计”字的全拼输入法的汉字输入码。汉字输入码的编码方案很多，常用的有智能 ABC 输入法、搜狗输入法、五笔字型输入法等。

(5) 汉字字型码：是指在显示或打印汉字时所使用的描述汉字字形的编码。描述汉字字形有点阵和矢量两种方式。用来表示字形的点阵有 16 × 16，24 × 24，32 × 32，48 × 48 等几种，用点阵表示字形时，点阵越大，输出的字形越清晰美观。当一个汉字用 32 × 32 的点阵表示字形时，它的字形码需要占用的存储容量为：32 × 32/8 = 128B。点阵汉字的缺点是信息量大，放大后容易出现锯齿现象，因此，目前的计算机普遍采用的是矢量字形。

各种汉字编码间的关系是：用户输入汉字时使用外码，计算机自动将对应的汉字采用汉字内码保存，不同计算机系统之间传输数据时采用国际码，显示或打印汉字时转化成汉字字形码。

1.1.5 计算机安全及病毒防范

重点 1 计算机病毒

●计算机病毒的概念

计算机病毒是指人为编制的对计算机系统具有破坏性的程序。这种程序可进行自我复制、能侵入并隐藏在引导程序、可执行程序或其他文件中。当病毒被激活时，能把自身的代码复制到其他文件中，并对计算机系统造成一定的损害。计算机病毒主要经网络和可移动存储设备传播。

●计算机病毒的特点

1. 传染性：是指计算机病毒具有将自身复制到正常的文件中的能力。

2. 潜伏性：是指计算机病毒能够隐藏在其他文件中，不立即发作，并在不被察觉的情况下进行传染的能力。在满足特定条件时病毒才会发作,进而破坏计算机系统。

3. 隐蔽性:是指计算机病毒隐藏自身,防止被察觉的能力。

4. 破坏性:指病毒侵入系统后导致的占用系统资源、删除文件、甚至摧毁整个系统和数据等后果。

●计算机病毒的分类

1. 按病毒的表现可分为良性病毒和恶性病毒。良性病毒只会影响计算正常使用,降低效率;恶性病毒则会删除文件,对硬盘进行格式化,甚至破坏硬件设备。

2. 按病毒代码的寄生位置可分为引导型病毒、文件型病毒、宏病毒和电子邮件病毒等。引导型病毒传染硬盘的引导扇区,当计算机启动时就将病毒程序读入内存,获得CPU的控制权并进行传染和破坏。文件型病毒是寄生在文件中病毒,这类病毒可感染程序文件和数据文件。如宏病毒就是用 Microsoft Office 的宏程序语言编写的并寄生在 Word 文档中的病毒,可影响对相关文档的操作。电子邮件病毒则是以电子邮件作为传播途径。

3. 按病毒的激活方式可分为定时型病毒和随机型病毒。

重点2　计算机病毒的防范(难点)

●感染计算机病毒的征兆

1. 屏幕上突然出现某些异常字符串或画面。
2. 文件长度突然增加。
3. 打开程序的时间或磁盘访问时间变长。
4. 磁盘不能引导系统。
5. 磁盘上的可用空间突然减少。
6. 打印机或其他外设突然工作异常。
7. 系统引导变慢,运行速度慢。
8. 异常死机等。

●计算机病毒的预防

1. 安装正版的反病毒软件或防火墙软件。
2. 拒绝使用来历不明的软件。
3. 下载或使用文件前首先进行杀毒处理。
4. 备份重要数据。

●计算机病毒的查杀

为保证计算机系统的安全,应该在计算机中安装防病毒软件和防火墙,并做到经常查杀病毒和升级杀毒软件。目前,有很多检测和清除病毒的杀毒软件,如 Symantec Norton(诺顿)、Kaspersky(卡巴斯基)、瑞星、KV 系列、金山毒霸等。打开从网络上下载的文件时首先进行病毒扫描,一旦发现病毒立即进行清除。因为每天都有新的病毒产生,所以杀毒软件应该及时进行更新,才能发现并清除新病毒。

1.2 综合练习

1.2.1 选择题

1. 计算机系统包括(　　)。

A. 主机和外设　　B. 主机和各种应用程序
C. 硬件系统和软件系统　　D. 运算器、控制器和存储器

2. 断电后,(　　)中所存储的数据会丢失。

A. ROM　　B. RAM　　C. 磁盘　　D. 光盘

3. 计算机硬件能直接识别和执行的语言是(　　)。

A. 汇编语言　　B. 符号语言　　C. 高级语言　　D. 机器语言

4. 微型计算机中,控制器的主要功能是(　　)。

A. 算术运算　　B. 存储控制信息
C. 存储运算信息　　D. 控制各部件协调一致地工作

5. 运算器的主要功能是(　　)。

A. 算术运算　　B. 逻辑运算
C. 算术运算和逻辑运算　　D. 函数运算

6. 组成计算机硬件的五大部件主要包括:运算器、控制器、存储器、输出设备和(　　)。

A. 键盘　　B. 鼠标器　　C. 输入设备　　D. 显示器

7. 第四代计算机主要采用(　　)主要元件。

A. 大规模、超大规模集成电路　　B. 晶体管
C. 中、小规模集成电路　　D. 电子管

8. 在计算机中表示存储容量时,下列描述中正确的是(　　)。

A. 1KB = 1024MB　　B. 1MB = 1024KB　　C. 1KB = 1000B　　D. 1MB = 1024B

9. 在计算机工作过程中,将外存的信息传送到内存中的过程称之为(　　)。

A. 写盘　　B. 拷贝　　C. 输出　　D. 读盘

10. 计算机中用来表示存储器容量大小的最基本单位是(　　)。

A. 位　　B. 字　　C. 字节　　D. 兆

11. 下面说法中正确的是(　　)。

A. 一个完整的计算机系统是由微处理器、存储器和输入/输出设备组成
B. 计算机区别于其他计算工具的最主要特点是能存储程序和数据
C. 电源关闭后,ROM 中的信息会丢失
D. 16 位字长计算机能处理的最大数是 16 位十进制数

12. 32 位计算机中的 32 指的是(　　)。

A. 微机型号　　B. 内存容量　　C. 存储单位　　D. 机器字长

13. 个人计算机属于(　　)。

A. 微型计算机　　B. 中型计算机　　C. 巨型计算机　　D. 小型计算机

14. 下面关于显示器的叙述,正确的是(　　)。

A. 显示器是输入设备　　B. 显示器是输出设备
C. 显示器是输入/输出设备　　D. 显示器是存储设备
15. 应用软件是指(　　)。
A. 所有能够使用的软件　　B. 所有微机上都应使用的基本软件
C. 为某一应用目的而编制的软件　　D. 能被各应用单位共同使用的某种软件
16. 计算机存储单元中存储的内容(　　)。
A. 只能是指令　　B. 只能是程序　　C. 只能是数据　　D. 可以是数据和指令
17. Cache 的中文译名是(　　)。
A. 缓冲器　　B. 只读存储器　　C. 可编程只读存储器 D. 高速缓冲存储器
18. 构成计算机物理实体的部件被称为(　　)。
A. 计算机系统　　B. 计算机硬件　　C. 计算机软件　　D. 计算机程序
19. 微型计算机的微处理器主要包括(　　)。
A. 运算器和主存　　B. 控制器和主存
C. 运算器和控制器　　D. 运算器、控制器和主存
20. 用高级程序设计语言编写的程序称为(　　)。
A. 源程序　　B. 脉冲程序　　C. 伪代码程序　　D. 汇编程序
21. 下列四种软件中属于应用软件的是(　　)。
A. DOS　　B. Windows XP　　C. 财务管理系统　　D. MS－DOS
22. 微型计算机系统采用总线结构来连接 CPU、存储器和外部设备。总线通常分为(　　)三种。
A. 数据总线、地址总线和控制总线　　B. 数据总线、信息总线和传输总线
C. 地址总线、运算总线和逻辑总线　　D. 逻辑总线、传输总线和通讯总线
23. 下列不能作为存储器容量单位的是(　　)。
A. Byte　　B. MIPS　　C. KB　　D. GB
24. 存储器容量的度量中,1MB 等于(　　)。
A. 1024 × 1024 bits　　B. 1000 × 1000 Bytes　　C. 1024 × 1000 bits　　D. 1024 × 1024 Bytes
25. 把高级语言源程序变为目标程序要经过(　　)。
A. 汇编　　B. 编辑　　C. 运行　　D. 编译或解释
26. 在下列描述中,正确的是(　　)。
A. 外存中的信息可直接被 CPU 处理　　B. 键盘是输入设备,显示器是输出设备
C. 操作系统是一种重要的应用软件　　D. 计算机中的汉字编码和 ASCII 是一样的
27. 微型计算机中的微处理器又称为(　　)。
A. 运算器　　B. 中央处理器　　C. 逻辑器　　D. 控制器
28. 下列描述中,不正确的是(　　)。
A. 计算机可以直接执行机器语言程序　　B. 软件是程序和数据的统称
C. 计算机的运算速度与主频有关　　D. 操作系统是一种应用软件
29. 在微机中,访问速度最快(即存取周期最短)的存储器是(　　)。
A. 内存　　B. U 盘　　C. 光盘　　D. 硬盘
30. ROM 是(　　)。

A. 随机存储器　B. 只读存储器　C. 高速缓冲存储器　D. 顺序存储器

31. 在微机中,硬盘连同驱动器是一种(　　)。

A. 内存储器　B. 外存储器　C. 输入设备　D. 输出设备

32. 微型计算机必不可少的输入/输出设备是(　　)。

A. 键盘和显示器　B. 键盘和鼠标器　C. 显示器和打印机　D. 鼠标器和打印机

33. 下列设备中,(　　)是输出设备。

A. 键盘　B. 鼠标　C. 光笔　D. 绘图仪

34. 能直接与 CPU 交换信息的功能单元是(　　)。

A. 显示器　B. 控制器　C. 主存储器　D. 运算器

35. 将微机的主机与外设相连的是(　　)。

A. 键盘　B. 磁盘驱动器　C. 内存　D. 输入/输出接口

36. 微型计算机硬件系统中最核心的部件是(　　)。

A. 主板　B. CPU　C. 内存储器　D. 外存储器

37. 内存和外存相比,其主要特点是(　　)。

A. 能存储大量信息　B. 能长期保存信息

C. 存取速度快　D. 能同时存储程序和数据

38. 把内存中的数据传送到计算机的硬盘的操作称为(　　)。

A. 显示　B. 写盘　C. 读盘　D. 输入

39. 下列说法中,正确的是(　　)。

A. ROM 是只读存储器,其中的内容只能读一次

B. 硬盘通常安装在主机箱内,所以硬盘属于内存

C. CPU 不能直接与外存打交道

D. 任何存储器都有记忆能力,即其中的信息不会丢失

40. 所谓"裸机"是指(　　)。

A. 没有安装任何软件的微机　B. 没有装外部设备的微机

C. 大型机器的终端机　D. 没有硬盘的微机

41. 下面列出的四种存储器中,易失性存储器是(　　)。

A. RAM　B. ROM　C. PROM　D. EPROM

42. 在计算机领域中用 MIPS 来描述计算机的(　　)。

A. 可靠性　B. 可扩充性　C. 可运行性　D. 运算速度

43. 下列不属于计算机总线的是(　　)。

A. 地址总线　B. 控制总线　C. 通讯总线　D. 数据总线

44. 可将各种数据转换为计算机能处理的形式并输送到计算机中的设备统称为(　　)。

A. 输入设备　B. 输出设备　C. 输入/输出设备　D. 存储设备

45. 下列设备中,既能向主机输入数据又能接收由主机输出数据的设备是(　　)。

A. 显示器　B. U 盘存储器　C. 扫描仪　D. CD - ROM

46. 微型计算机的主机包括(　　)。

A. 运算器和显示器　B. CPU 和内存储器　C. CPU 和 UPS　D. CPU 和硬盘

47. 显示器分辨率一般表示为(　　)。

A. 显示的信息量　　　　　　　　　　B. 显示字符个数
C. 显示的颜色数　　　　　　　　　　D. 横向点数×纵向点数

48. 微机系统主要通过(　　)与外部交换信息。
A. 键盘　　B. 输入/输出设备　　C. 显示器　　D. 鼠标

49. CAI 是计算机的应用领域之一,其含义是(　　)。
A. 计算机辅助设计　　B. 计算机辅助制造　　C. 计算机辅助测试　　D. 计算机辅助教学

50. 下列叙述中,正确的是(　　)。
A. 操作系统是主机与外设之间的接口　　B. 操作系统是软件与硬件的接口
C. 操作系统是用户与计算机之间的接口　　D. 操作系统是源程序和目标程序的接口

51. 汇编语言和机器语言同属于(　　)。
A. 高级语言　　B. 低级语言　　C. 编辑语言　　D. 二进制代码

52. 下列关于系统软件的叙述中,正确的是(　　)。
A. 系统软件与具体应用领域无关　　B. 系统软件与具体硬件无关
C. 系统软件是在应用软件基础上开发的　　D. 系统软件并不提供人机界面

53. 计算机软件系统可分为(　　)。
A. 操作系统和语言处理程序　　B. 程序和数据
C. 系统软件和应用软件　　D. 程序、数据和文档

54. 下列术语中,属于显示器性能指标的是(　　)。
A. 速度　　B. 可靠性　　C. 分辨率　　D. 精度

55. 在下面关于防范计算机病毒的说法中,不正确的是(　　)。
A. 计算机病毒的防范只可以从软件方面来考虑
B. 尽量不使用未经病毒检测的软件
C. 对硬盘上的一些重要数据要经常进行备份
D. 采用加密方式对一些重要数据或文件进行存储

56. 下列设备中,属于输入设备的是(　　)。
A. 显示器　　B. 打印机　　C. 绘图仪　　D. 鼠标器

57. 计算机中对数据进行加工与处理的部件,通常称为(　　)。
A. 控制器　　B. 运算器　　C. 显示器　　D. 存储器

58. 微型计算机存储系统中,PROM 是(　　)。
A. 只读存储器　　B. 读写存储器
C. 可编程只读存储器　　D. 随机存储器

59. 第一台计算机是在(　　)诞生的。
A. 德国　　B. 法国　　C. 美国　　D. 英国

60. CAD 表示(　　)。
A. 计算机辅助教学　　B. 计算机辅助设计　　C. 计算机辅助制造　　D. 计算机辅助智能

61. 微型计算机键盘上的 Tab 键是(　　)。
A. 退格键　　B. 控制键　　C. 交替换档键　　D. 制表定位键

62. 计算机病毒是(　　)。
A. 具有破坏性的特制程序　　B. 计算机系统自生的

C. 可传染疾病给人体的病毒　　D. 主机发生故障时产生的

63. 第三代计算机硬件使用的逻辑元件是(　　)。

A. 晶体管　　B. 集成电路　　C. 大规模集成电路　　D. 超大规模集成电路

64. 国标 GB2312 将常用汉字进行分级,分为(　　)。

A. 一级汉字和二级汉字　　B. 简体字和繁体字

C. 常用字、次常用字和罕见字　　D. 一级汉字、二级汉字和三级汉字

65. 在计算机中,应用最普遍的字符编码是(　　)。

A. BCD 码　　B. 汉字编码　　C. ASCII　　D. 机器码

66. 下列四个数中,最大的是(　　)。

A. $(75)_{10}$　　B. $(11011001)_2$　　C. $(37)_8$　　D. $(C8)_{16}$

67. 下列一组数中,最小的数是(　　)。

A. $(100101)_2$　　B. $(45)_{10}$　　C. $(52)_8$　　D. $(28)_{16}$

68. 下列字符中 ASCII 码值最小的是(　　)。

A. A　　B. a　　C. k　　D. M

69. 十进制数 241 转换为二进制数是(　　)。

A. 11110001　　B. 10111111　　C. 11111001　　D. 10110001

70. 二进制数 11011101 转换为十进制数是(　　)。

A. 220　　B. 221　　C. 251　　D. 321

71. 目前使用的防病毒软件作用是(　　)。

A. 查出并清除任何病毒　　B. 查出并清除已知的病毒

C. 查出任何已感染的病毒　　D. 清除任何已感染的病毒

72. 3 位二进制数可以表示(　　)种状态。

A. 2　　B. 4　　C. 8　　D. 16

73. 在微机中配制的高速缓冲存储器是为了解决(　　)。

A. 主机与外设之间速度的不匹配　　B. 内存储器与外存储器之间速度的不匹配

C. CPU 与 RAM 之间速度不匹配问题　　D. CPU 与外存储器之间速度的不匹配

74. 下列选项中,不属于计算机病毒特征的是(　　)。

A. 免疫性　　B. 潜伏性　　C. 破坏性　　D. 传染性

75. 美国标准信息交换码(ASCII)字符集中共有(　　)个字符。

A. 64　　B. 120　　C. 128　　D. 65

76. 下列软件中,属于系统软件的是(　　)。

A. Windows 操作系统　　B. 工资管理软件

C. 练习程序　　D. 求解一元二次方程的程序

77. 十进制整数化为二进制整数的方法是(　　)。

A. 乘 2 取整法　　B. 除 2 取余法　　C. 乘 2 取余法　　D. 除 2 取整法

78. 在计算机中,字节的英文名字是(　　)。

A. byte　　B. bit　　C. bou　　D. baud

79. 能将高级语言源程序转换成目标程序的是(　　)。

A. 编辑程序　　B. 编译程序　　C. 画图程序　　D. 排版程序

80. 在计算机中采用二进制，是因为(　　)。

A. 可以降低硬件成本　　B. 两个状态的系统具有稳定性

C. 二进制的运算法则简单　　D. 上述三个原因

1.2.2　填空题

1. 计算机中的字节是个最基本的存储容量单位，它的英文名字是______。

2. 在计算机内部，传送、存储、加工处理的数据或指令都是以______的方式进行。

3. 1KB = ______B。

4. 一个完整的计算机系统应包括硬件系统和______。

5. CPU 能够直接访问的存储器是______。

6. 计算运算速度是指计算机每秒能执行多少指令，常用单位是______。

7. 按性能和规模等指标进行分类，计算机可分为______、大型机、小型机、工作站和微型机。

8. 微型机也称为______，其最主要的特点是小巧、灵活、便宜。

9. 计算机的特点有______、计算精度高、存储容量大、逻辑判断能力强和自动化程度高。

10. 世界上第一台电子数字积分计算机(ENIAC)诞生于______国的宾夕法尼亚大学。

11. 第一代计算机使用的逻辑器件是______。

12. 第二代计算机称为______，逻辑器件使用______。

13. 计算机最早的应用领域是______，也称之为数值计算。

14. 过程控制也称为______，是指用计算机及时采集控制对象的数据，对数据分析处理后，再对控制对象进行自动调节。

15. 计算机辅助系统包括______、计算机辅助制造(CAM)和计算机辅助数学(CAI)等。

16. 计算机硬件系统五大部件包括______、______、存储器、输入设备、输出设备等。

17. 计算机软件系统包括______和应用软件。

18. 系统软件分为______、语言处理程序和数据库管理系统。

19. 一条指令必须包括操作码和______两部分。

20. 运算器又称为______，主要进行算术运算和______。

21. ______控制计算机的各部件协调工作，保证整个程序有效、可靠运行。

22. 存储器分为______和______。

23. ______直接和 CPU 交换信息，它的存储容量小，价格较高，存取速度较快。

24. ______是指计算机一次能同时处理的二进制数据位数。

25. 在缓存、内存和外存中，存取速度最快的是______，而存取速度最慢的是______。

参考答案

一、选择题

1. C　2. B　3. D　4. D　5. C　6. C　7. A　8. B　9. D　10. C

11. B	12. D	13. A	14. B	15. C	16. D	17. D	18. B	19. C	20. A
21. C	22. A	23. B	24. D	25. D	26. B	27. B	28. D	29. A	30. B
31. B	32. A	33. D	34. C	35. D	36. B	37. C	38. B	39. C	40. A
41. A	42. D	43. C	44. A	45. B	46. B	47. D	48. B	49. D	50. C
51. B	52. A	53. C	54. C	55. A	56. D	57. B	58. C	59. C	60. B
61. D	62. A	63. B	64. A	65. C	66. B	67. A	68. A	69. A	70. B
71. B	72. C	73. C	74. A	75. C	76. A	77. B	78. A	79. B	80. D

二、填空题

1. Byte
2. 二进制
3. 1024
4. 软件系统
5. 内存储器
6. MIPS
7. 巨型机
8. 个人计算机或 PC
9. 运算速度快
10. 美
11. 电子管
12. 晶体管计算机、晶体管
13. 科学计算
14. 实时控制
15. 计算机辅助设计或 CAD
16. 运算器、控制器
17. 系统软件
18. 操作系统
19. 地址码或操作数
20. 运算逻辑单元或 ALU、逻辑运算
21. 控制器
22. 内存或主存、外存或辅存
23. 内存
24. 字长
25. 缓存、外存

第 2 章　中文 Windows XP 操作系统

2.1　重点、难点提示

2.1.1　Windows XP 基础

重点 1　Windows XP 的启动与退出

1. Windows XP 的启动

按下计算机电源按钮后，主板自动检测各个硬件设备，自检通过后 Windows XP 将自动启动，并显示桌面的相关内容。

2. Windows XP 的退出

在退出 Windows XP 之前，用户应关闭所有执行的程序和文档窗口，否则系统会询问是否结束相关程序的运行。Windows XP 为用户提供两种退出方法：

(1)单击“开始”菜单中的“注销”按钮，退出当前用户运行程序，并准备其他用户使用计算机。

(2)单击“开始”菜单中的“关闭计算机”按钮，在“关闭计算机”对话框中单击“关闭”按钮。

重点 2　Windows XP 的桌面组成

1. 桌面

桌面是 Windows XP 启动完成后所显示的整个屏幕。桌面一般由图标、桌面背景和任务栏组成。

2. 图标、快捷方式

图标是 Windows XP 中各种对象的图形标识，一般由图形和名称两部分组成。图标名称反映对象的内容，用户可以修改和重命名。使用图标使得管理和操作计算机更为直观、快捷。

桌面上的常见图标有：①“我的电脑”：用来访问、管理和维护计算机资源；②“回收站”：暂存用户从硬盘中删除的文件或文件夹等；③“我的文档”：默认情况下将用户创建的文件保存在此；④“网上邻居”：管理和访问网络资源；⑤“Internet Explorer”：网页浏览器。

3. 任务栏

(1)一般出现在桌面底部，从左到右依次有“开始”按钮，快速启动栏，任务按钮区，系统提示区。

①“开始”按钮:单击该按钮或按 Ctrl + ESC 键可打开如图 2 - 1 所示的“开始”菜单,开始菜单包含了系统几乎所有的功能。

②快速启动栏:单击其中的图标可快速启动程序。

③任务按钮区:用户运行某个应用程序后,在任务按钮区就出现该程序的任务按钮,单击任务按钮可以切换活动窗口或实现窗口的最小化、最大化、还原。

图 2 - 1 “开始”菜单

④系统提示区:通常包括时钟、音量等按钮。

(2)对任务栏可进行以下操作:

●改变大小:将鼠标指向任务栏的上边框,当指针变成双向箭头时,拖动鼠标可改变任务栏大小。

●改变位置:任务栏可以被移动到桌面的两侧或顶端;将鼠标指向任务栏空白处,按住左键拖动鼠标到目标位置即可。

如果要锁定任务栏,可右击任务栏空白处,在打开的快捷菜单中单击“锁定任务栏”命令。锁定的任务栏不可以改变大小和位置。

●设置任务栏和“开始”按钮属性:右击任务栏空白处,在弹出的快捷菜单中单击“属性”命令,打开如图 2 - 2 所示的“任务栏和「开始」菜单属性”对话框。

如图 2 - 2 a 所示,在“任务栏”选项卡中,可以进行锁定、隐藏任务栏等操作,还可以设置是否显示时钟、快速启动栏等内容;如图 2 - 2 b 所示,在“「开始」菜单”选项卡中,可以选择开始菜单的不同样式,如果单击“自定义”按钮,还可以自定义开始菜单中所要显示的项目。

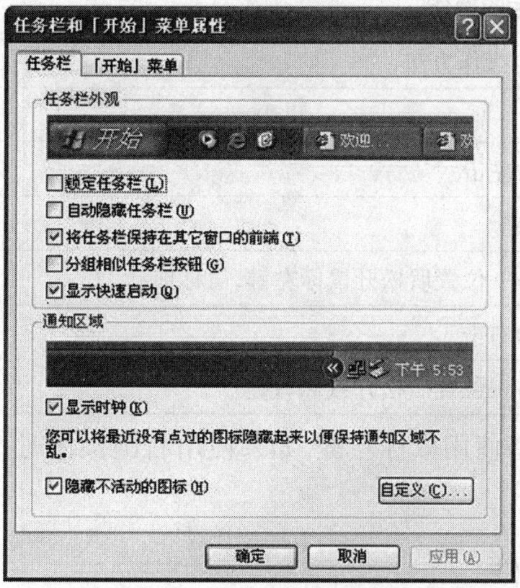

a“任务栏”选项卡

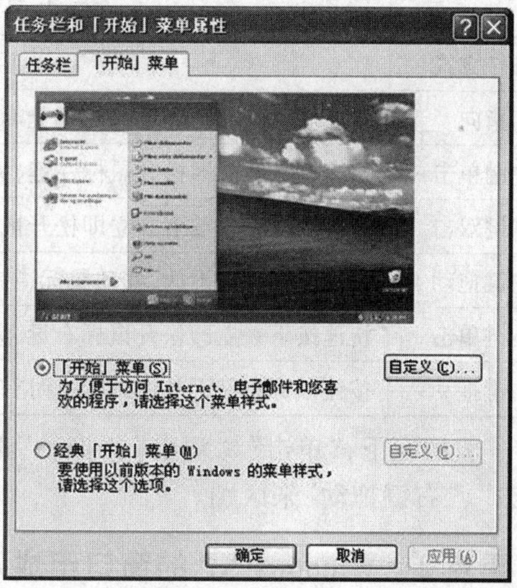

b“「开始」菜单”选项卡

图2－2　“任务栏和「开始」菜单属性”对话框

2.1.2　Windows XP 基本概念和基本操作

重点1　键盘和鼠标操作

1. 键盘操作

键盘是用户输入数据的常用设备。键盘共分成五个区域：即功能键区、主键盘区、编辑键区、小键盘区和工作状态指示区。功能键区位于键盘最上面一行，主要由ESC、F1至F12及屏幕打印键、屏幕锁定键、暂停键组成。主键盘区位于键盘的左下部，由数字键0至9、字母键A至Z、特殊符号键、功能控制键等组成。编辑键区位于键盘的中部，主要在编辑状态下实现对光标的移动控制。小键盘区位于键盘的右部，用于集中输入数字。工作状态指示区由三个状态指示灯组成，用于显示当前键盘状态。

2. 鼠标操作(难点)

鼠标是一种重要的输入设备。常见的鼠标指针形状及其表示的含义如下表2－1所示。

表2－1　鼠标指针形状及含义

指针	含义	指针	含义
	标准选择		文字选择
	后台操作		移动
	忙		精确定位
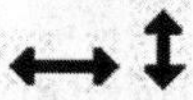	水平和垂直调整		不可使用

鼠标的基本操作方式如下表2－2所示。

表 2-2　鼠标的操作

操作方式	操作方法
指向	将鼠标指针移动到某一对象上
左键单击	快速按下并立即松开鼠标左键,又称为左击
左键双击	连续两次快速按下并立即松开鼠标左键
左键拖动	按住鼠标左键不放,移动鼠标指针到另一位置后松开鼠标左键,简称拖动
右键单击	快速按下并立即松开鼠标右键,又称为右击
右键拖动	按住鼠标右键不放,移动鼠标指针到另一位置后松开鼠标右键

一般情况下,“单击”、“双击”、“拖动”都是指使用鼠标左键,如果使用右键操作时,可用“右击”、“右键拖动”来区别。

重点 2　Windows XP 的窗口组成及操作

1. Windows XP 的窗口组成

当启动一个应用程序或文档时,在屏幕上出现的矩形区域称为窗口。Windows XP 的窗口分为应用程序窗口、文档窗口和对话框窗口三类。下面以“我的电脑”窗口为例,如图 2-3所示,介绍窗口的组成如下:

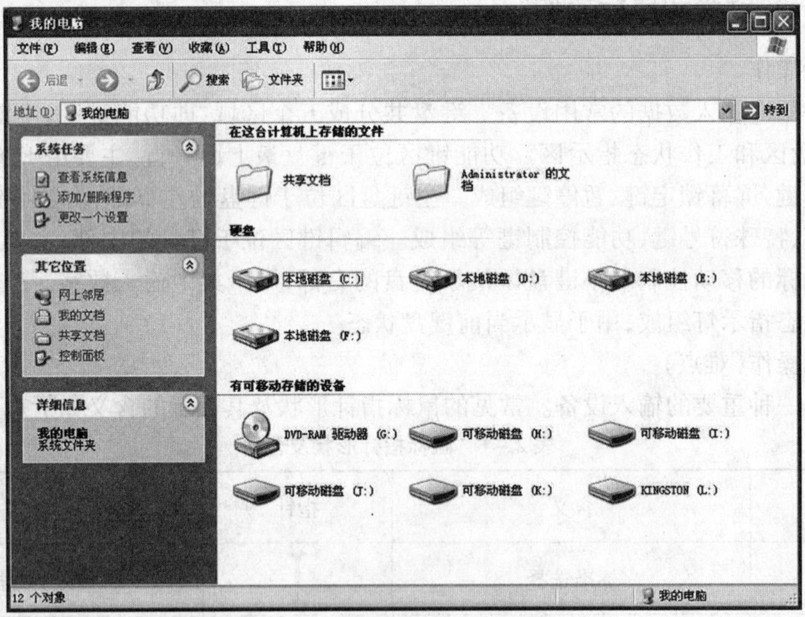

图 2-3　Windows XP 的窗口

(1)标题栏:位于窗口顶部,显示窗口的名称。

(2)菜单栏:位于标题栏下方,由一组下拉菜单项组成,单击菜单项可打开相应的下拉菜单。

(3)工具栏:位于菜单栏下方,可以显示各种工具按钮,通过单击工具栏上的按钮可执行操作命令。

(4)地址栏:显示被打开的文件夹的路径。

（5）工作区：用于显示已经打开的文件夹的内容并在此进行相关操作。在工作区中双击磁盘或文件夹图标可打开该文件夹，双击文件图标可打开文档或运行相应的应用程序。

（6）状态栏：位于窗口的底部，显示与当前操作或系统状态的有关信息。

2. 窗口操作

（1）移动窗口或改变窗口大小：拖动窗口的标题栏，就可以移动窗口。把鼠标指向窗口的边框或边角，当鼠标变成双向箭头形状时，拖动鼠标可以改变窗口的大小。

（2）窗口的最大化、最小化、还原及关闭：标题栏右端有三个按钮，分别是最小化、最大化（或向下还原）、关闭按钮。单击最大化按钮，则窗口占满整个屏幕，此时最大化按钮变成向下还原按钮；单击向下还原按钮，则窗口还原到原来大小，双击标题栏也可以最大化或还原窗口；要关闭当前窗口，可单击关闭按钮或按快捷键 Alt + F4；单击最小化按钮，则窗口最小化为任务栏中的任务按钮。

（3）窗口切换（激活）：当桌面上有多个窗口时，总有一个窗口显示在其他窗口之前，此窗口即为用户当前正在使用的窗口，称为活动窗口或当前窗口，活动窗口的标题栏为深蓝色。使一个窗口成为当前窗口的操作叫做激活窗口。切换（或激活）窗口的方法有两种：一是单击任务栏中需要激活的窗口的任务按钮，或在所要激活的窗口的任意位置单击；二是按组合键 Alt + Tab 或 Alt + Esc 来切换。

（4）窗口排列：在打开多个窗口的情况下，窗口的排列方式有层叠、横向平铺和纵向平铺三种。右击任务栏的空白处，在弹出的快捷菜单中选择相应排列方式即可。

重点 3　菜单和工具栏的操作（难点）

菜单是用户执行操作所需要的命令列表。Windows XP 中的菜单主要有三类：开始菜单、快捷菜单（也称为右键菜单）和菜单栏中的下拉菜单。菜单操作有打开菜单、执行菜单命令和关闭菜单。

●打开菜单

打开“开始”菜单：可单击“开始”按钮，按 Ctrl + ESC 键或窗口键（位于 Ctrl 键和 Alt 键中间）。

打开快捷菜单：将鼠标指向某个对象后，单击鼠标右键，即可打开快捷菜单。

打开菜单栏中的下拉菜单：用鼠标单击菜单栏中的菜单名，或按 Alt + 菜单名后的括号中带下划线的字母（称为“热键”）。如按 Alt + E，即可打开“编辑”菜单。

●执行菜单命令

在打开菜单后，用鼠标单击所需要的命令项，或使用上、下、左、右箭头键移动亮条到所需要的命令项处，按 Enter 键。

●关闭菜单

打开菜单后，单击打开的菜单以外的任何地方，或按 ESC 键、Alt 键都可关闭菜单。另外按 F10 键也可关闭菜单栏中的下拉菜单和快捷菜单。

工具栏中的按钮在菜单中一般都有相对应的命令，为方便用户使用，Windows XP 把这些常用的菜单命令以按钮的方式排列在工具栏中，用户只要单击按钮就可以执行菜单中对应的命令。

菜单中的命令带有某些格式,这些格式的含义如表 2-3 所示。

表 2-3　菜单命令格式的含义

格式	含义
黑色字符命令项	当前状态下有效
灰色字符命令项	当前状态下无效
命令项后带省略号	执行该命令后打开一个对话框
命令项前带“●”号	表示该项已经被选中。同组命令项中,有且仅有一个被选中
命令项前带“√”号	表示该项已经被选中
命令项后带“▶”号	表示当鼠标指向该项时会弹出下一级菜单
命令项后有组合键	在不打开菜单情况下直接按此组合键就可以执行该命令
命令项之间的线条	对命令项按功能分组,组与组之间用线条隔开

重点 4　对话框及其操作

对话框是人机对话的窗口。在运行某些程序或执行某些命令过程中,Windows XP 通过对话框来要求用户输入信息、选择设置或显示某些信息和警告。用户通过对话框输入信息或选择设置后,计算机就可以按照用户的要求执行后续操作。

●打开对话框

启动对话框的方法很多,如单击带有省略号(...)菜单命令,或在选择对象后执行“属性”命令,都会出现对话框。

●对话框的窗口组成和使用

对话框类型较多,形态不一,如图 2-4,2-5 所示。对话框中可能包含以下对象:

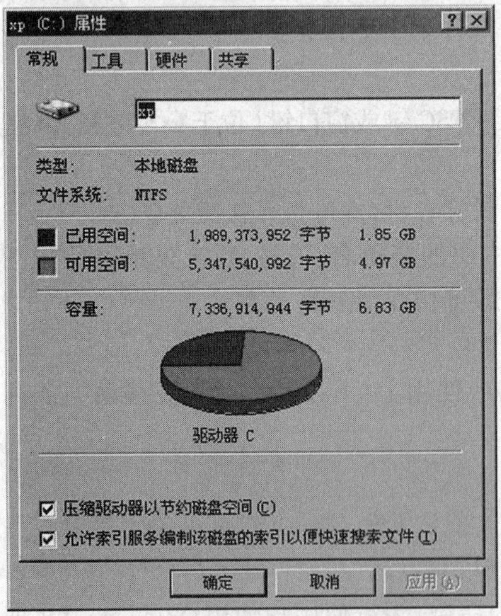

图 2-4　“磁盘属性”对话框

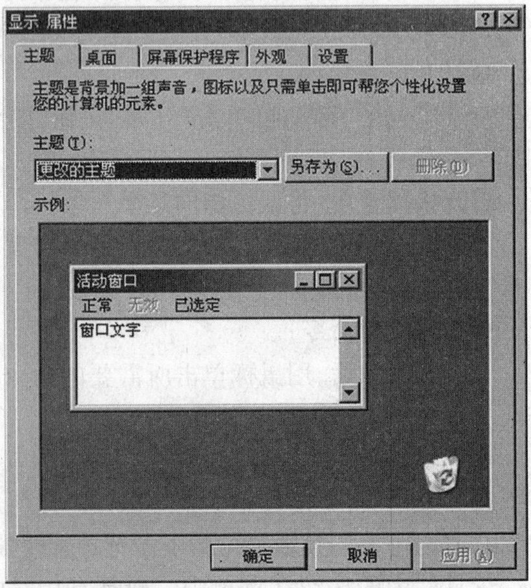

图 2-5　“显示属性”对话框

标题栏:左侧显示对话的名称,右侧是“帮助”和“关闭”按钮,拖动标题栏可移动对话框。

选项卡:是用户输入信息或选择设置的区域。一个对话框中如果有多个选项卡,用户可以通过单击选项卡上方的标签来切换选项卡。

单选按钮:单选按钮是一组互斥的选项(用小圆圈表示),用户在一组单选按钮中必须选择一个而且只能选择一个按钮。通过单击来选择,被选中的选项按钮中出现一个小黑点。

复取框:复选框是可以任意选择的选项(用小方框表示),用户可根据需要来选择,个数不限。通过单击来选择,被选中的复选框中出现一个勾。

文本框:用于输入文本信息。

数值框:用于输入数值,可以直接输入,也可以通过单击数值框右侧的增/减量按钮来调整数值。

列表框:用于显示可选择的多个项目。

下拉列表框:用于提供选项,通过单击下拉列表框右端的下拉按钮打开列表框进行选择。

命令按钮:单击命令按钮可执行命令。对话框中常见的按钮有“确定”、“取消”、“应用”等。

●关闭对话框

如果在对话框中进行了设置,可单击“确定”按钮,使设置生效并关闭对话框。

如果不进行设置或不执行命令,可单击“取消”或“关闭”按钮,也可按 ESC 键来关闭对话框。

2.1.3　文件和文件夹的基本概念

重点 1　文件、文件名及通配符(难点)

1. 文件

文件是一组相关信息的集合。计算机中的所有数据和程序都是以文件的形式存在的。

2. 文件名

文件的名称叫做文件名,每一个文件都有一个文件名,它是存取文件的标识。文件名由“主文件名”和“扩展名”两部分组成,中间用“.”隔开。主文件名体现文件的内容,扩展名表示文件的类型。

Windows XP 规定文件名的长度(包括盘符和路径在内)不超过 255 个字符。文件名不区分大、小写字母,但文件名不能以空格开始,也不能含有“<、>、\、/、:、|、?、*、”9 种符号,不能使用系统保留的设备名,如 CON、AUX、COM1、COM2、LPT1、PRN、LPT2、NUL 等。在磁盘上的同一文件夹中不允许出现主文件名和扩展名完全相同的两个文件。

重点 2　文件夹、文件夹树及路径(难点)

文件夹也称目录,是操作系统为用户分类显示和管理文件的一种组织形式。把同一类型或相同用途的文件和文件夹集中存放在磁盘的某一个逻辑区域上,形成一个集合,称为文件夹或目录。文件夹除了没有扩展名外,它的命名规则与文件相同。文件夹的图标为

“”。

各级文件夹之间存在相互包含的关系,这种关系使得计算机中所有的文件夹形成树状结构,称为文件夹树。文件夹树的根部是“桌面”,下一级文件夹有“我的电脑”、“我的文档”、“网上邻居”、“回收站”等等。再下一级文件夹有C盘、D盘、控制面板等等。用户可在C盘、D盘、可移动磁盘等逻辑分区下创建下一级文件夹来管理自己的文件。在一个文件夹A中建立一个文件夹B,则称A是B的父文件夹,而B是A的子文件夹。

路径是指某一个文件在文件夹树中的位置,一般用从根目录开始,一直到指定文件之间的一系列文件夹名来表示,文件夹名之间用“\”分隔开。盘符是用来表示外存储器中的磁盘驱动器或其逻辑分区的标识,用一个英文字母加冒号来表示。例如,A:表示软磁盘,C:、D:、E:等等表示硬盘、光盘及可移动磁盘。根目录是指磁盘或其分区的第一级文件夹,用盘符加“\”表示,如“C:\”表示C盘的根文件夹或根目录。

完整的文件名格式为:路径\<文件名>。

如,默认情况下,QQ2011程序文件完整的名称为C:\Program Files\Tencent\QQ\Bin\QQ.exe。

重点4 文件类型

根据文件所含的信息类型的差异把文件分成不同的类型,并用扩展名来表示文件的类型。一般情况下,文件在存盘时应用程序会自动为其添加扩展名。以下是常见的文件类型:

1. 文本文件:.txt、.doc、.log、.html、.rtf、.wps等。
2. 图片文件:.TIF、.bmp、.gif、.tif 、.pic、.pdf、.psd、.pnd等。
3. 音频文件:.mp3、.mid、.wma、.wav、.aac、.flac、.ape、.voc、.aif、.snd等。
4. 视频文件:.avi、.rm、.rmvb、.mpg、.mov、.dat、.mkv、.mpeg、.3gp、.mp4、.flv等。
5. 程序文件:.com、.exe、.bat等。

重点5 对象属性

对象属性是指对象的状态、性质。在Windows XP中的许多对象,如“我的电脑”、“任务栏”、“文件”、“文件夹”等都有各自的属性。用户可以查看对象的属性,也修改或设置对象的部分属性。

●文件和文件夹的属性

右击文件或文件夹,在快捷菜单中单击“属性”命令,即可打开文件或文件夹属性对话框。在对话框的“常规”选项卡中列出了文件的以下属性:名称,类型,打开方式,位置,大小,创建、修改和最后一次访问的日期及时间,以及“只读”、“隐藏”、“存档”等。此外,根据文件的不同类型,对话框中也可能出现“自定义”和“摘要”选项卡。文件夹有以下属性:名称,类型,位置,大小,创建的日期及时间,以及“只读”、“隐藏”、“存档”等。用户可以修改其中的“名称”、“只读”、“隐藏”、“存档”等属性。

●磁盘属性

在“我的电脑”或“资源管理器”窗口中,用右键单击要查看属性的磁盘,在出现的快捷菜单中单击“属性”命令。或选定该磁盘,单击“文件”菜单中的“属性”命令,打开该磁盘的属性对话框。对话框中一般有“常规”、“工具”、“硬件”、“共享”四个选项卡,不同类型的磁盘驱动器还可能出现"自动播放"、"配额"等选项卡。

"常规"选项卡:显示磁盘卷标、类型、文件系统、总容量、已用容量、可用容量和磁盘清理工具。

"工具"选项卡:显示"查错"、"碎片整理"和"备份"工具。

"硬件"选项卡:显示"所有磁盘驱动器"列表框和"设备属性"等内容。

"共享"选项卡:用来设置是否允许其他用户通过网络访问该磁盘。

2.1.4　文件和文件夹的基本操作

重点1　资源管理器窗口

资源管理器是对系统中资源进行管理的应用程序。资源管理器窗口与"我的电脑"窗口基本相同,主要区别在于前者的工作区有左、右两个窗格。"资源管理器"窗口左侧为"文件夹树"窗格,显示文件夹树状结构;右侧为"文件夹内容"窗格,显示当前文件夹的具体内容。"资源管理器"窗口如图2－6所示。

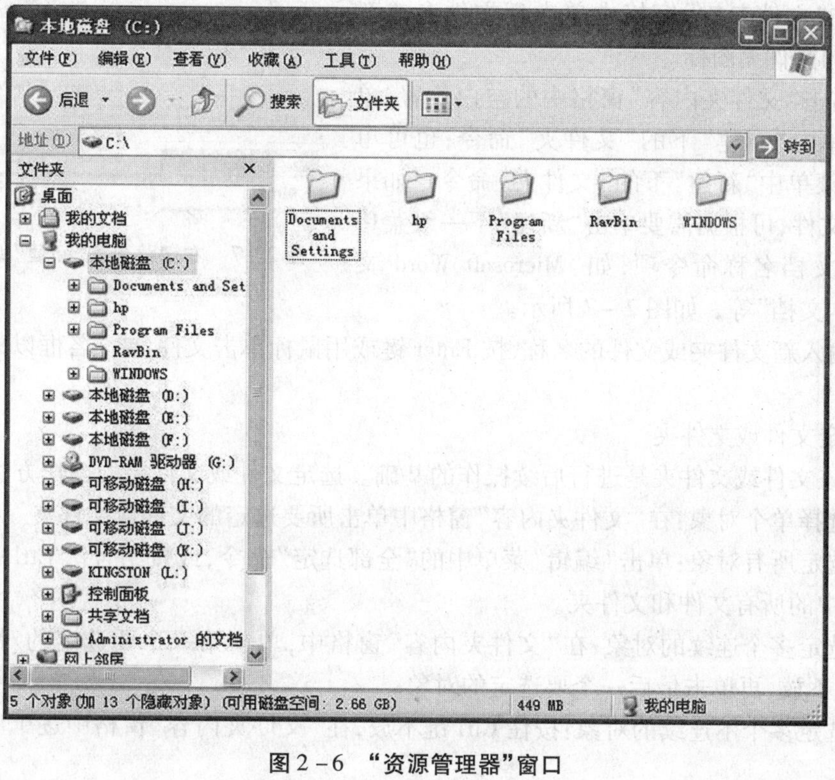

图2－6　"资源管理器"窗口

在左侧的"文件夹树"窗格中,有些文件夹图标左侧有一个小方框,方框中有加号"＋"或减号"－"。此方框标记表示该文件夹中有子文件夹,没有方框则表示该文件夹没有子文件。"＋"表示该文件夹处于折叠状态,"－"表示该文件夹处于展开状态。

单击文件夹左侧的"＋"号即可在"文件夹树"窗格中显示该文件夹中包含的子文件夹,展开后"＋"号变为"－"号;单击"－"号则折叠子文件夹,折叠后"－"号变为"＋"号。

要注意的是,"展开文件夹"的操作仅仅是在"文件夹树"窗格中展开该文件夹;"打开文件夹"是指单击文件夹树窗格中的某个文件夹图标或文件夹名称,结果在左窗格显示该文件夹中的子文件夹,在右窗格显示该文件夹的内容。

通过单击工具栏中的“文件夹”按钮,可以切换“我的电脑”窗口和“资源管理器”窗口。

重点2　文件和文件夹的基本操作(难点)

在资源管理器窗口,可以很方便地进行文件和文件夹的基本操作,这些基本操作包括打开、新建、选定、复制、移动、删除、重命名和查找等。

1. 打开文件或文件夹

在资源管理器的文件夹内容窗格中,双击某文件的图标即可打开该文件或运行相应的程序。

打开文件夹是指在“文件夹内容”窗格内显示该文件夹中包含的内容。操作方法为:鼠标单击文件夹树窗格中该文件夹的图标或名称,或在文件夹内容窗格内双击该文件夹图标。

2. 创建新文件或新文件夹

创建新文件夹或新文件的步骤如下:

(1)在“文件夹树”窗格中单击新文件夹或新文件所在的文件夹图标。

(2)右击“文件夹内容”窗格中的空白位置,单击快捷菜单中“新建”下的“文件夹”命令;也可单击“文件”菜单中“新建”下的“文件夹”命令。如果要创建新文件,可根据需要单击“新建”下一级菜单中的具体文档名称命令项,如“Microsoft Word 文档”、“文本文档”等。如图2-7所示。

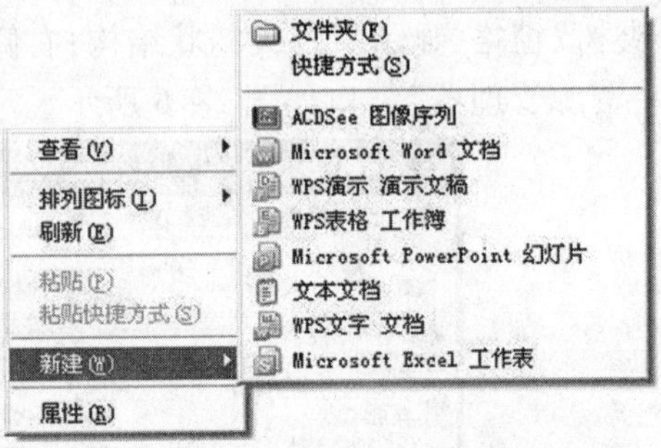

图2-7　右键菜单和“新建”级联菜单

(3)输入新文件夹或文件的名称,按Enter键或用鼠标单击文件(夹)名框以外的任意处确认。

3. 选定文件或文件夹

选定该文件或文件夹是进行后续操作的基础。选定文件或文件夹的操作方法如下:

(1)选择单个对象:在“文件夹内容”窗格中单击所要选定的文件或文件夹。

(2)选定所有对象:单击“编辑”菜单中的“全部选定”命令,或按组合键Ctrl+A,可选定当前窗口中的所有文件和文件夹。

(3)选定多个连续的对象:在“文件夹内容”窗格中,单击第一个要选定的对象,然后按住Shift键不放,再单击最后一个要选定的对象。

(4)选定多个不连续的对象:按住Ctrl键不放,在“文件夹内容”窗格中逐个单击需要选定的对象。

(5)反向选择:当需要选定的对象占大多数时,可先选定不需要的文件或文件夹,再单击“编辑”菜单中的“反向选定”命令。

如果需要取消文件或文件夹的选定状态,可用鼠标单击文件夹内容窗格中的空白处即可。

4. 复制和移动文件或文件夹

复制是指原位置的对象(文件或文件夹)仍然保留,而在指定的目标位置创建一个和原对象完全相同的副本;移动是指对象从原位置上消失,而出现在指定的目标位置上。

(1)复制的操作方法如下:

①打开要复制的对象所在的文件夹,选定需要复制的对象。

②按组合键Ctrl+C,或单击"编辑"菜单(或快捷菜单)中的"复制"命令。

③打开目标文件夹。

④按组合键Ctrl+V,或单击"编辑"菜单(或快捷菜单)中的"粘贴"命令。

此外,复制文件还可以使用右键拖动的办法,或使用"文件"菜单中的发送命令。

(2)移动的文件或文件夹的操作方法如下:

①打开要移动的对象所在的文件夹,选定需要移动的对象。

②按组合键Ctrl+X,或单击"编辑"菜单(或快捷菜单)中的"剪切"命令。

③打开目标文件夹。

④按组合键Ctrl+V,或单击"编辑"菜单(或快捷菜单)中的"粘贴"命令。

(3)移动文件或文件夹还可以使用右键拖动的办法。

(4)另外使用左键拖动的办法也可以复制或移动对象:

复制:按下Ctrl键的同时,用左键拖动对象到目标位置(在不同磁盘之间复制时也可以不按Ctrl键)。

移动:按下Shift键的同时,用左键拖动对象到目标位置(在同一个磁盘内移动时也可以不按Shift键)。

5. 重命名文件或文件夹

选定要重命名的文件或文件夹,然后单击"文件"菜单中的"重命名"命令(或者再次单击对象名称),此时对象名称呈反白显示,输入新的名称后按回车键或单击文件名框以外的任意处即可。

6. 删除文件或文件夹

选定要删除的对象后,常用的删除方法有以下几种:

方法一:单击"文件"菜单中的"删除"命令,在"确认文件删除"对话框中单击"是"按钮。

方法二:直接按Delete键,在"确认文件删除"对话框中单击"是"按钮。

方法三:右击选定对象,在弹出快捷菜单中选择"删除"命令,在"确认文件删除"对话框中单击"是"按钮。

方法四:把选定的对象拖动到回收站中,在"确认文件删除"对话框中单击"是"按钮。

硬盘上被删除的对象暂时存放在回收站中,并没有被彻底删除。如果要彻底删除对象,可在选中对象后,在按下Shift键的同时,单击"编辑"(或快捷)菜单中的"删除"命令。在软盘或U盘中删除的对象不会被放入回收站,而是被彻底删除。

如果要恢复或永久删除"回收站"中的文件或文件夹,可打开回收站,在回收站窗口中选定要恢复(或删除)的对象后,单击"文件"菜单(或快捷菜单)中的"还原"(或"删除")命令,如图2-8所示。

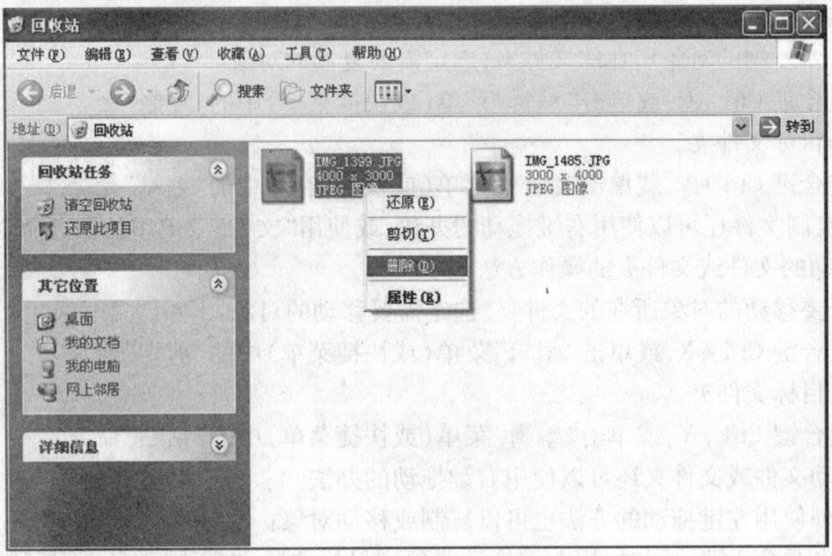

图 2－8 “回收站”窗口

7. 搜索文件或文件夹

要搜索文件或文件夹，就要知道文件或文件夹名、文件类型等。如果记不全文件名，可使用部分名称和通配符进行搜索。通配符包括两种：“ * ”和“ ? ”。一个“ * ”号代表任意多个字符，而一个“ ? ”号代表任意一个字符。搜索文件或文件夹的操作步骤如下：

(1) 单击“开始”菜单中的“搜索”命令，打开如图 2－9 所示的“搜索结果”窗口。

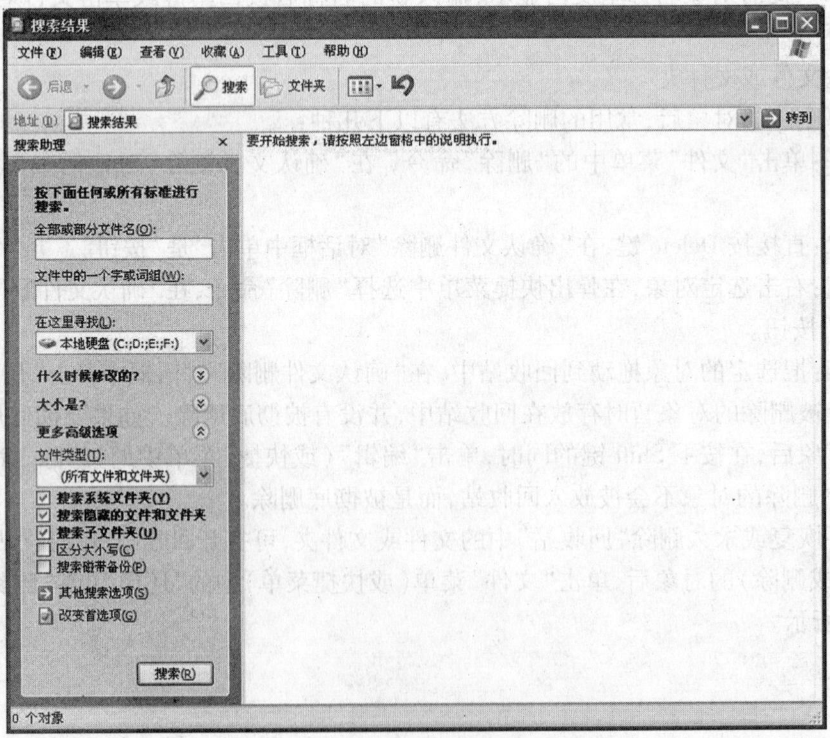

图 2－9 “搜索结果”窗口

(2)在"全部或部分文件名"文本框中输入要查找对象的完整或部分的名称,可使用通配符;在"文件中的一个词或词组"文本框中输入要查找的文件中包含的文字;在"在这里寻找"下拉列表中,选择要搜索的位置。

此外,用户还可以使用以下细化的搜索条件:

时间:单击"什么时候修改的?"选项右端的按钮,可指定被查找的对象的修改时间。

大小:单击"大小是?"选项右端的按钮,可以指定要查找对象的大小。

高级选项:单击"更多高级选项"选项右端的按钮,可以指定要搜索对象的文件类型、是否搜索系统文件夹和隐藏文件夹、区分大小写等项目。

在搜索文件或文件夹时可以使用上述条件中的一个条件,也可以同时使用多个条件。

(3)设置好搜索条件后,单击"搜索"按钮,计算机按给定条件搜索并把搜索结果显示在右侧的窗口中。如果没有查找到所需对象,可修改搜索条件,重新搜索。

重点3　快捷方式

快捷方式是指向对象的指针或链接。快捷方式本身也是一个文件,一般用所指向对象的图标来表示。双击快捷方式图标可以快速访问快捷方式所指向的对象,这些对象可以是文件夹、文件、程序、计算机设备等。用户也可以自己创建对象的快捷方式,也可以复制或移动快捷方式。

在桌面上创建快捷方式的方法如下:

1. 为"开始"菜单中"程序"级联菜单中的命令项创建快捷方式:打开"开始"→"程序"级联菜单,右击需要创建快捷方式的命令项,在打开的快捷菜单中选择"发送到"→"桌面快捷方式"命令。

2. 为其他对象创建快捷方式:在"我的电脑"或"资源管理器"窗口中打开要创建快捷方式的对象所在的文件夹,右击该对象,在打开的快捷菜单中,选择"发送到"→"桌面快捷方式"命令。

2.1.5　Windows XP 控制面板

Windows XP为用户提供了各种改变计算机中对象的外观、性质和功能的工具。为便于用户管理和使用,这些工具都存放在一个系统文件夹"控制面板"中。

单击"开始"菜单中的"控制面板"命令,可以打开如图2-10所示的"控制面板"窗口。单击"控制面板"窗口左侧的"切换视图"按钮,可以将控制面板切换到"经典视图"或"分类视图"。

重点1　日期和时间设置

用户可以为计算机设置日期和时间。双击"控制面板"窗口中的"日期和时间"图标,或者双击任务栏右端系统提示区中的时间按钮,打开如图2-11所示的"日期和时间属性"对话框。

在"日期和时间"选项卡的"日期"栏中,可以调整年、月、日,在"时间"栏中,将光标分别定位在时间框的"时"、"分"、"秒"位置上,再单击增/减量按钮可以调整系统时间,也可以直接输入时间。设置完毕,单击"确定"按钮确认即可。

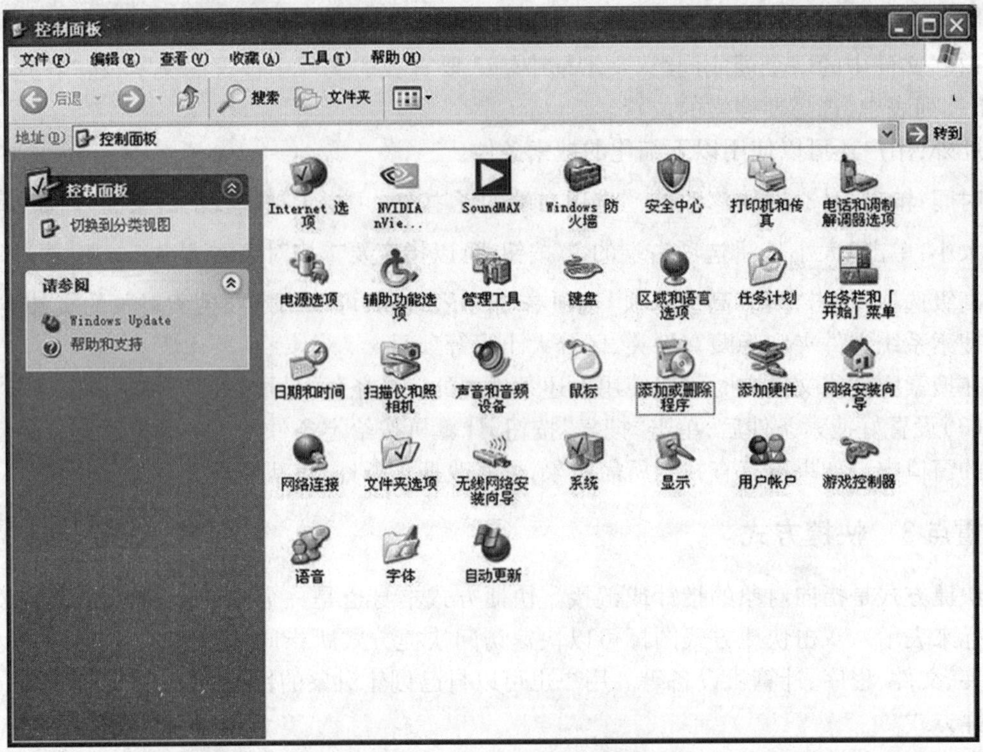

图 2－10 “控制面板”窗口

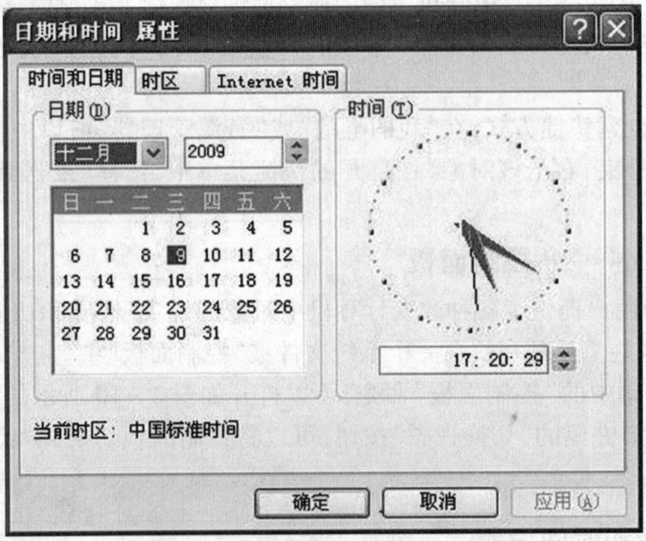

图 2－11 “日期和时间”属性对话框

在连接网络的情况下，也可以通过与网络中的时间服务器同步的方法来精确地设定当前时间，操作方法如下：在“时区”选项卡中选择“(GMT＋08:00)北京，重庆，香港特别行政区，乌鲁木齐”，然后在“Internet 时间”选项卡中选择“自动与 Internet 时间服务器同步”复选项，在“服务器”右侧的下拉列表框中选择时间服务器，再单击“立即更新”按钮，然后单击对话框中的“确定”或“应用”按钮即完成更新。

重点 2　设置显示属性

利用“显示属性”对话框可以设置桌面、窗口等元素的外观。在“控制面板”窗口中双击“显示”图标，或右击桌面空白处，在弹出的快捷菜单中单击“属性”命令，打开如图 2 – 12 所示的“显示属性”对话框。

图 2 – 12　**“显示属性”对话框**

1. “主题”选项卡：在“主题”下拉列表框中，列出了系统提供的一系列桌面背景、窗口等元素外观的整体显示方案，用户选择其中一个方案后，在“示例”窗口中可以预览该方案，用户如果满意，可以单击“确定”或“应用”按钮使设置生效。

2. “桌面”选项卡：用来设置桌面背景。用户既可以在“背景”列表框中选择系统提供的背景图片，也可以通过单击“浏览”按钮选择其他图片作为桌面背景。在该选项卡上部的预览框中可以进行预览。在“位置”下拉列表框中，用户可以选择背景图片的显示方式。

3. “屏幕保护程序”选项卡：用来设置屏幕保护程序。

4. “外观”选项卡：用来设置桌面对象的外观。

5. “设置”选项卡：主要用来设置颜色数、分辨率等显示参数。

重点 3　删除和添加字体

在“控制面板”窗口中双击“字体”图标，打开如图 2 – 13 所示的“字体”窗口。

若要删除字体，可在字体窗口中选择要删除的字体，再单击文件菜单中的“删除”命令即可。

图 2－13 “字体”窗口

若要添加字体，可单击“文件”菜单中的“添加字体”命令，打开如图 2－14 所示的“添加字体”对话框，在此对话框中指定要添加的字体所在的“驱动器”、“文件夹”，则该文件夹中的字体文件会显示在“字体列表”框中，选定要添加的字体后，单击“确定”按钮即可。

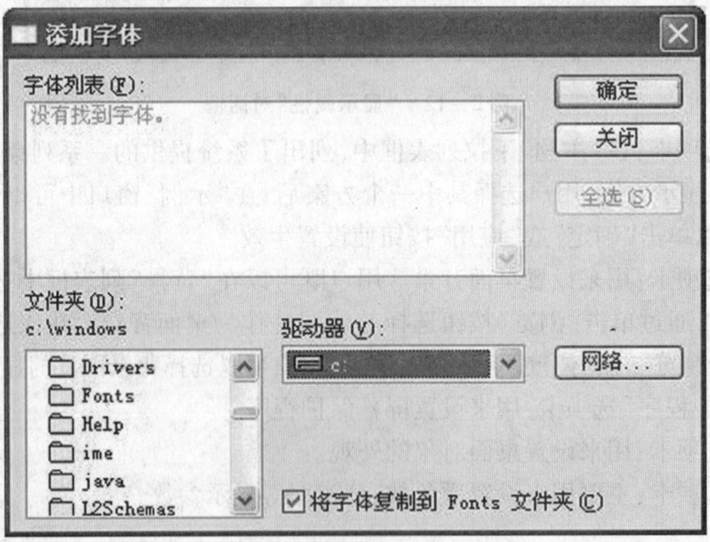

图 2－14 “添加字体”对话框

重点 4 安装和卸载应用程序

双击“控制面板”窗口中的“添加/删除程序”图标，打开如图 2－15 所示的“添加/删除程序”窗口。

安装新程序的方法有以下两种。一般 Windows 应用程序都自带有安装程序,即安装包或 setup. exe,直接点击后即可安装;另一种方法是单击“添加/删除程序”窗口左侧的“添加新程序”按钮,然后单击右侧的“CD 或软盘”按钮,再利用打开的“从软盘或光盘安装程序”向导来安装。

删除或卸载应用程序不能像删除文件或文件夹那样简单地删除。用户应掌握正确的删除应用程序的方法。一般情况下,在“开始”菜单中的“程序”命令下的某应用程序的级联菜单中都有该应用程序的自卸载程序命令项,单击该命令项,再按提示操作即可删除该应用程序;也可以在“添加或删除程序”窗口中卸载应用程序,操作方法是:在图 2-15 所示的“当前安装的程序”列表框中选择要卸载的应用程序项,再单击该程序项右侧的“删除”按钮,按提示操作即可。

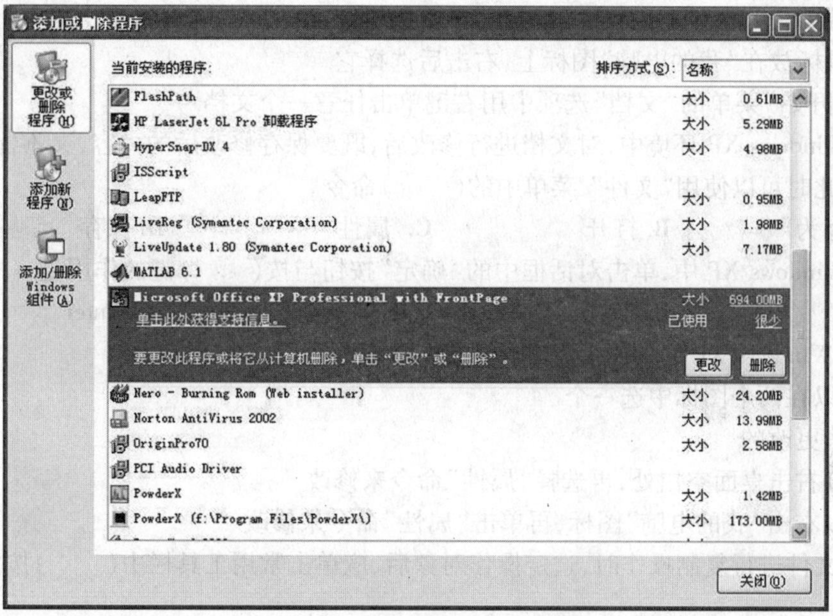

图 2-15 “添加或删除程序”窗口

2.2 综合练习

2.2.1 选择题

1. Windows XP 支持长文件名,文件名的长度最多可达(　　)字符。

A. 255　　B. 256　　C. 225　　D. 265

2. 在资源管理器窗口的不同驱动器之间用鼠标左键拖动某一对象,结果为(　　)。

A. 移动该对象　　B. 复制该对象　　C. 无结果　　D. 删除该对象

3. 当鼠标指针变为一个“沙漏”形状时,表示(　　)。

A. 标准选择　　B. 后台运行　　C. 系统忙　　D. 移动

4. 要设置某硬盘共享,可右击该磁盘驱动器图标,从弹出的快捷菜单中选择(　　)命令。

A. 打开　　B. 共享　　C. 搜索　　D. 重命名

5. 关于安装和卸载程序，下列说法正确的是(　　)。

A. 在“开始”菜单的“程序”项中提供了安装/卸载应用程序的功能

B. 在“开始”菜单的“程序”项中单击鼠标右键，选择“删除”即可完成卸载

C. 在“控制面板”中提供了安装/卸载应用程序的功能

D. 在“附件”中提供了安装/卸载应用程序的功能

6. 在“控制面板”的“区域和语言选项”中，可以更改(　　)、货币和数字的显示方式。

A. 文件属性　　B. 文件夹　　C. 日期、时间　　D. 以上均可

7. 在下列操作中，(　　)不能打开“资源管理器”。

A. 在“开始”菜单的“程序”选项菜单中选择它

B. 右键单击“开始”，在弹出的快捷菜单中选择它

C. 把鼠标放在“我的电脑”图标上，右击后选择它

D. 在“开始”菜单的“文档”选项中用右键单击任意一个文档

8. 在 Windows XP 环境中，对文档进行修改后，既要保存修改后的内容，又不能改变原文档的内容，此时可以使用“文件” 菜单中的(　　)命令。

A. 另存为　　B. 打开　　C. 属性　　D. 保存

9. 在 Windows XP 中，单击对话框中的“确定”按钮与按(　　)键的作用是一样的。

A. Esc　　B. F1　　C. F2　　D. Enter

10. 在 Windows XP 的桌面上，“我的电脑”图标是(　　)。

A. 可以在两个图标中选一个

B. 无法更改的

C. 可以右击桌面空白处，再选择“属性”命令来修改

D. 可以右击“我的电脑”图标，再单击“属性”命令来修改

11. 对文件进行复制操作时，选定操作对象后，应单击常用工具栏中(　　)按钮，再进行后续操作。

A. 剪切　　B. 打开　　C. 粘贴　　D. 复制

12. 菜单命令中的灰色的菜单命令项表示(　　)。

A. 错误点击了其主菜单　　B. 双击灰色的菜单项才能执行

C. 选择它按右键就可对菜单操作　　D. 在当前状态下，无此功能

13. 为了获取 Windows XP 的帮助信息，可以在需要帮助的时候按(　　)键。

A. F1　　B. F2　　C. F3　　D. F4

14. Windows XP 是一种(　　)操作系统。

A. 16 位　　B. 32 位　　C. 64 位　　D. 8 位

15. 在 Windows XP 中，鼠标左键和右键的功能(　　)。

A. 可以在“控制面板”中改变　　B. 固定不变

C. 可以在“资源管理器”中改变　　D. 可以通过对“附件”操作来改变

16. 单击桌面上的(　　)按钮后，弹出的菜单中几乎包括了 Windows XP 的所有功能。

A. 我的电脑　　B. 开始　　C. 我的文档　　D. 资源管理器

17. 安装好 Windows XP 系统后，光盘的盘符一定是(　　)。
A. C：　B. E：　C. 不一定　D. G
18. Windows XP 中的文件名中可以包含(　　)字符。
A. “＊”　B. “_”　C. “?”　D. “|”
19. 安装 Windows XP 系统后，也自动安装了(　　)。
A. 所有常用的文字处理软件　B. 浏览器
C. 所有汉字输入法　D. 各种数据库管理系统
20. 在 Windows XP 中，输入文本时，按(　　)可实现全角/半角切换。
A. Shift + 空格键　B. Ctrl + Shift 键　C. Ctrl + 空格键　D. 以上都不对
21. 下列关于 Windows XP 功能特点的说法中，错误的是(　　)。
A. 可以同时运行多个程序，用户与程序之间可进行交互操作
B. 用户使用鼠标基本上就能完成各种任务
C. 使用鼠标就不能再使用键盘进行操作
D. 支持硬件即插即用，即在计算机中插入新设备后系统会自动识别并进行相关配置
22. 为了正常退出 Windows XP，正确的操作是(　　)。
A. 关掉计算机的电源
B. 在没有运行程序的情况下关掉计算机的电源
C. 按电源按钮
D. 选择“开始”菜单中的“关闭计算机”，再进行后继操作
23. 在 Windows XP 环境中，鼠标主要的操作方式有：单击、双击、右击和(　　)。
A. 交替点击左右键　B. 连击　C. 配合键盘使用　D. 按键拖放
24. 在 Windows XP 环境中，鼠标指针变成一个“沙漏”状时，表示(　　)。
A. 系统执行的程序出错，中止其执行
B. 提示用户注意某个事项，并不影响计算机继续工作
C. 系统正在执行某一任务，请用户稍等
D. 等待用户键入 Y 或 N，以便继续工作
25. 在 Windows XP 中，鼠标是重要的输入工具，而键盘(　　)。
A. 配合鼠标起辅助作用　B. 无法起作用
C. 仅能在菜单操作中运用　D. 也能完成几乎所有操作
26. 把鼠标指向窗口的“标题栏”拖动鼠标，可以(　　)。
A. 改变窗口大小　B. 移动窗口　C. 缩小窗口　D. 放大窗口
27. 在 Windows XP 中，用鼠标双击窗口标题栏中的“控制菜单按钮”，可以(　　)。
A. 放大窗口　B. 移动该窗口　C. 缩小该窗口　D. 关闭该窗口
28. 菜单是 Windows XP 的一种重要操作手段，要执行下拉菜单中的命令，应(　　)。
A. 通过键盘输入菜单中的该命令
B. 在窗口内任意一个空白位置单击鼠标键
C. 选择菜单中的命令项，然后按键盘上任意一键
D. 用鼠标单击下拉菜单中的命令项
29. 在 Windows XP 的菜单中，当鼠标指向某一类操作命令时会弹出子菜单，这类命令的

特点是(　　)。

A. 命令项以浅灰色显示　　B. 命令项的右边有省略号(...)

C. 命令项的右边有一实心三角形　　D. 命令项位于一条横线上方

30. 在对话框窗口中,有些项目文字的左边标有一个小方框,当小方框里无"√"符号时表明(　　)。

A. 这是一个复选框,而且已被选中

B. 这是一个复选框,而且未被选中

C. 这是一个单选按钮,而且未被选中

D. 这是一个单选按钮,而且已被选中

31. 下列对 Windows XP 功能的描述中,错误的是(　　)。

A. 不能执行 DOS 命令　　B. 提供了多任务环境

C. 可用鼠标操作来代替许多键盘操作　　D. 不再依赖 DOS

32. 在 Windows XP 中,使用(　　)组合键可以打开"开始"菜单。

A. Ctrl + ESC　　B. Ctrl + X　　C. Ctrl + 空格键　　D. Ctrl + Shift

33. 在 Windows XP 中,把应用程序的窗口最小化,就是(　　)。

A. 结束该程序的运行

B. 暂时中断该程序的运行,但随时可以由用户恢复

C. 让程序的运行转入后台继续工作

D. 中断该程序的运行,且用户不能恢复

34. 在 Windows XP 中,屏幕上可以同时打开多个窗口,它们的排列方式(　　)。

A. 即可以平铺也可以层叠,由用户选择　　B. 只能平铺

C. 只能由系统决定,用户无法改变　　D. 只能层叠

35. 屏幕同时打开多个窗口的情况下,要激活某个窗口的最简单方法是(　　)。

A. 把其他窗口都最小化,只留下该窗口　B. 把其他窗口都关闭,只留下该窗口

C. 用鼠标在该窗口内任意位置上双击　　D. 用鼠标在该窗口内任意位置上单击

36. 在下列文件名中,(　　)是非法的文件名。

A. my file1　　B. BasicProgram　　C. card >01　　D. class1. data

37. 在 Windows XP 中,某个文件路径为"C:\AA. TXT",其中 AA. TXT 是一个(　　)。

A. 文件夹　　B. 根文件夹　　C. 盘符　　D. 文本文件

38. 下列不能启动"我的电脑"的操作是(　　)。

A. 单击"我的电脑"图标

B. 双击"我的电脑"图标

C. 右键单击"我的电脑"图标,在弹出的菜单中选择"打开"

D. 在"资源管理器"中双击"我的电脑"

39. 下列不能启动"资源管理器"的操作是(　　)。

A. 右键单击"开始"按钮,在弹出的菜单中单击"资源管理器"项

B. 右键单击"我的电脑",在弹出的菜单中单击"资源管理器"项

C. 左键单击"开始"按钮,在弹出的"程序"子菜单中单击"资源管理器"项

D. 在"我的电脑"窗口中双击"资源管理器"

40. 在资源管理器窗口内，不能实现的操作是(　　)。
A. 可以同时显示几个磁盘文件夹树形结构
B. 可以同时显示某个磁盘中几个文件夹的树形结构
C. 可以同时显示几个文件夹各自下属的所有文件情况
D. 可以显示某个文件夹中的所有文件的简要列表或详细情况

41. 在 Windows XP 中，不能用来建立新文件夹的是(　　)。
A. 我的电脑　　B. “开始”→“程序”　C. “开始”→“设置”　D. “资源管理器”

42. 选择多个不相邻的文件的方法是(　　)。
A. 单击第一个文件，再用右键逐个单击其余文件
B. 用鼠标逐个单击各文件
C. 按住 Ctrl 键不放，逐个单击各文件
D. 按住 Shift 键不放，逐个单击各文件

43. 在复制选定的对象时，先单击“编辑”菜单中的“复制”命令，打开目标文件夹后，应再选择“编辑”菜单中的(　　)命令。
A. 复制　　B. 剪切　　C. 粘贴　　D. 打开

44. 在 Windows XP 中，要重命名文件夹或文件，可以先选定文件或文件夹，再用鼠标左键(　　)。
A. 单击该文件夹或文件的名称　　B. 单击该文件夹或文件的图标
C. 双击该文件夹或文件的名称　　D. 双击该文件夹或文件的图标

45. 下列操作中，(　　)不能删除选定的文件夹或文件。
A. 双击该文件夹或文件
B. 单击“文件”菜单中相应的命令项
C. 按“Delete”键
D. 鼠标右键单击，并单击快捷菜单中相应的命令项

46. Windows XP 中的“回收站”是(　　)中的一个区域。
A. 内存　　B. 硬盘　　C. 软盘　　D. 高速缓存

47. 在 Windows XP 中，利用“回收站”，(　　)。
A. 只能恢复刚刚被删除的文件和文件夹
B. 可以在任何时间范围内恢复被删除磁盘上的文件、文件夹
C. 只能在一定时间范围内恢复被删除的硬盘上的文件、文件夹
D. 可以在任何时候恢复以前被删除的所有文件、文件夹

48. 在 Windows XP 中，如果只记得某文件名称，忘记了它的位置，则打开它的最简便方法是(　　)。
A. 在“我的电脑”窗口中去浏览　　B. 使用“开始”菜单中的“搜索”命令
C. 使用开始菜单的“运行”命令　　D. 使用开始菜单的“文档”命令

49. 打开“任务栏和‘开始’菜单属性”对话框的正确方法是(　　)。
A. 右击任务栏空白处，在快捷菜单中单击“属性”
B. 单击任务栏，在快捷菜单单击“属性”
C. 单击任务栏

D. 双击任务栏空白处

50. 单击“开始”菜单中的“运行”命令，并在其对话框内指定了一个文档的路径和名称，将(　　)。

A. 显示出错信息　　B. 运行相关的应用程序并打开该文档

C. 显示该文档的位置　　D. 显示该文档的内容

51. 使用应用程序编辑文档后，执行“文件”菜单中的“另存为”命令，将使(　　)。

A. 原文档保持不变，以另外的文档名和路径存入到磁盘

B. 原文档被删除，以另外的文档名和路径存入磁盘

C. 在原文档保存修改结果，同时修改结果以另外的文档名和路径保存

D. 原文档的扩展名改为. BAK，修改结果以另外的文档名和路径保存

52. 在某个文档窗口中进行了多次剪切操作，则“剪贴板”中的内容为(　　)。

A. 最后一次剪切的内容　　B. 第一次剪切的内容

C. 所有剪切的内容　　D. 没有任何内容

53. 要移动文件或文件夹，应当先执行“编辑”菜单里的(　　)命令。

A. 复制　　B. 剪切　　C. 粘贴　　D. 清除

54. 下列关于移动的叙述中，正确的是(　　)。

A. 先“复制”，后“剪切”　　B. 先“复制”，后“粘贴”

C. 先“剪切”，后“复制”　　D. 先“剪切”，后“粘贴”

55. 在 Windows XP 中，切换汉字输入法的键盘操作是(　　)。

A. Ctrl + 空格键　　B. Ctrl + Shift　　C. Shift + 空格键　　D. Ctrl + 圆点

56. 在 Windows XP 中，以下(　　)不是鼠标的基本操作。

A. 双击　　B. 拖放

C. 连续交替按下左右键　　D. 单击

57. 在 Windows XP 中，鼠标指针指向窗口的边框时变为(　　)，表明可以改变该窗口的大小。

A. 指向左上方的箭头　　B. 手形

C. 短竖线　　D. 双向箭头

58. 在 Windows XP 中，在下拉菜单中有些命令项后带省略号(...)，执行这类命令将(　　)。

A. 要求用户加以确认　　B. 弹出菜单

C. 打开对话框　　D. 当前情况下不能执行

59. 在 Windows XP 中，对话框可以进行(　　)操作。

A. 最大化　　B. 最小化　　C. 移动位置　　D. 改变大小

60. 在 Windows XP 中，用鼠标左键在不同的驱动器之间拖动某一对象，结果是(　　)。

A. 移动该对象　　B. 复制该对象　　C. 删除该对象　　D. 无任何结果

61. Windows XP 的“开始”菜单内有一些项目，其中不包括(　　)命令。

A. 设置　　B. 打开　　C. 运行　　D. 搜索

62. 要运行一个应用程序，可以在“资源管理器”窗口中用鼠标(　　)。

A. 单击相应的可执行程序　　B. 双击相应的可执行程序

C. 单击一个文档　　D. 右键单击相应的可执行程序

63. 在 Windows XP 中,关闭一个应用程序窗口,就是(　　)。

A. 使该程序的运行转入后台工作

B. 暂时中断该程序的运行,但随时可以由用户加以恢复

C. 结束该程序的运行

D. 该程序的仍在继续运行

64. 在资源管理器窗口中,要选择多个相邻的文件的方法为(　　)。

A. 逐个单击各文件图标

B. 单击第一个文件图标,按下 Ctrl 键并保持,再单击最后一个文件图标

C. 单击第一个文件图标,再用右键逐个单击其余各文件图标

D. 单击第一个文件图标,按下 Shift 键并保持,再单击最后一个文件图标

65. 在 Windows XP 中,应用程序之间通过(　　)来交换和共享信息。

A. 我的电脑　　B. 对话框　　C. 磁盘　　D. 剪贴板

66. 要把剪贴板中的内容复制到插入点处,应当执行"编辑"菜单下的(　　)命令。

A. 移动　　B. 粘贴　　C. 剪切　　D. 选择性粘贴

67. 下面关于快捷菜单的描述中,(　　)是不正确的。

A. 快捷菜单显示与某一对象相关的命令菜单

B. 用左键单击需要操作的对象,就会弹出快捷菜单

C. 用右键单击需要操作的对象,就会弹出快捷菜单

D. 按 Esc 键或单击桌面或窗口空白处,都可以关闭快捷菜单

68. 在桌面上同时打开多个窗口情况下,下面关于活动窗口的描述中,(　　)是不正确的。

A. 活动窗口的标题栏呈深蓝色　　B. 可以移动窗口

C. 活动窗口的任务按钮为按下状态　　D. 桌面上可以同时有两个活动窗口

69. 在 Windows XP 中,执行(　　)操作,将删除选中的文件或文件夹,而不会将它们放入回收站。

A. 按 Shift + Del 键　　B. 打开快捷菜单,选择"删除"命令

C. 按 Del 键　　D. 单击"文件"菜单中的"删除"命令

70. 在 Windows XP 的开始菜单的"文档"菜单项中(　　)。

A. 包含最近使用过的最多 15 个文档　　B. 包含最近使用的文本文件

C. 包含最近使用的 15 个图形文件　　D. 包含最近使用的 15 个 Word 文档

71. 下列关于"回收站"叙述中,正确的是(　　)。

A. 暂存被删除的对象　　B. 回收站的内容不可以恢复

C. 清空回收站后仍可用命令方式恢复　　D. 回收站的内容不占用硬盘空间

72. Windows XP 中改变日期/时间的操作(　　)。

A. 只能在系统设置中设置　　B. 只能在"控制面板"中双击"日期/时间"

C. 可以有多种方法　　D. 只能双击"任务栏"右侧的数字时钟

73. Windows XP"系统工具"中的"磁盘碎片整理"的功能是(　　)。

A. 增加硬盘的存储空间　　B. 备份文件

C. 修复已损坏的存储区域　　D. 提高文件访问速度

74. 在 Windows XP 的"画图"程序中建立的文件默认的扩展名是(　　)。

A. . bmp　　B. . doc　　C. . gif　　D. . avi

75. Windows XP 的屏幕保护程序可由用户设置,并可以(　　)。

A. 设置密码,但不能设置等待时间　　B. 设置等待时间,但不能设置密码

C. 设置密码和设置等待时间　　D. 不能设置密码,也不能设置等待时间

76. Windows XP 启动完成后所显示的整个屏幕称为(　　)。

A. 页面　　B. 视图　　C. 浏览器　　D. 桌面

77. 在 Windows XP 中,下列(　　)操作与剪贴板无关。

A. 剪切　　B. 复制　　C. 粘贴　　D. 删除

78. 在 Windows XP 中,移动或复制文件的第一步操作是(　　)。

A. 选定　　B. 粘贴　　C. 剪切　　D. 复制

79. Windows XP 是一种多任务操作系统,所谓的"多任务"是指可以(　　)。

A. 同时运行多个应用程序　　B. 从硬盘中装入多个文件

C. 同时由几个人使用　　D. 连接多个外部设备

80. 将鼠标指针移动到窗口的(　　)位置上拖动,可以移动窗口。

A. 工具栏　　B. 菜单栏　　C. 标题栏　　D. 状态栏

2.2.2　填空题

1. 桌面一般由______、桌面背景和任务栏组成。

2. 鼠标左键的常用操作是单击、______和______。

3. 窗口排列的方式有三种,分别是______、横向平铺和纵向平铺。

4. 拖动窗口的________,可以移动窗口。

5. Windows XP 窗口右上角有三个按钮,分别是最小化、最大化(或向下还原)和______按钮。

6. Windows XP 中常见的菜单有________、_______和_______菜单三种。

7. 文件名由_______和"扩展名"两部分组成。

8. 文件名最多可以包含_______个字符,并且不能使用_______作为文件名的开头。

9. 通配符包括______和______两种。

10. 完整的文件名由盘符、______、主文件名和扩展名组成。

11. 使用记事本创建的文件的扩展名为______。

12. 如果单击资源管理器左侧窗口中某文件夹左侧的"＋"号,即可在文件夹树窗格中________该文件夹。

13. 单击窗口工具栏上的_______按钮,则可以切换"我的电脑"和________窗口。

14. 单击"编辑"菜单中的______命令或按______组合键,可以选定当前窗口中的所有文件和文件夹。

15. Windows XP 中,若要选择多个连续的对象,可以按住______键不放,单击第一个和最后一个对象。

16. 在 Windows XP 中,用户可以按_______组合键可以切换窗口。

17. 在 Windows XP 中,要选择多个不连续的操作对象,可以按住______键不放,逐个单

击要选定的对象。

18. 原位置的文件或文件夹消失,而在新位置出现原有的文件或文件夹,称为________。

19. 选定要删除的文件或文件夹后,按键盘上的______键,即可删除相应对象。

20. 常见的可执行文件的扩展名为______或______。

21. 选中文件或文件夹后,单击鼠标右键,按住______键不放,在弹出的快捷菜单中选择"删除"命令,即可将其永久删除。

22. 在"回收站"窗口中,单击"文件"菜单中的__________命令,就可以删除回收站中的所有对象。

23. 要恢复"回收站"中的项目,可以右击该项目,在弹出的快捷菜单中选择________命令。

24. 按下________组合键,可以关闭当前窗口。

25. 按下______________组合键,可以启动"任务管理器"对话框。

2.2.3 操作题

1. 按要求完成以下操作

(1)在 D 盘中建立 2 个文件夹,student1 和 student2。

(2)在计算机中查找 notepad. exe 文件,并将其复制到 student1 文件夹中。

(3)在 student2 文件夹中建立文本文件 cook. txt,文件内容为你的学号。

(4)在桌面上建立 cook. txt 文件的快捷方式,快捷方式名称为你的学号。

2. 按要求完成以下操作

(1)查找名为 calc. exe 的文件,并在桌面上建立其快捷方式,快捷方式名为计算器。

(2)在 D 盘中建立名为 work1、work2 的两个文件夹。

(3)用画图软件画一幅画,取名为 picture. bmp,将它保存在 work1 文件夹中。

(4)在 work1 文件夹中建立一个名为 text. txt 的文本文件,其内容为"文件和文件夹的基本操作"。

(5)将 work1 文件夹中的 text. txt 文件复制到 work2 文件夹中。将 work1 文件夹删除。

(6)将 work2 文件夹中的 text. txt 文件的属性设置为只读、隐藏。

参考答案

一、选择题

1. A	2. B	3. C	4. B	5. C	6. C	7. D	8. A	9. D	10. C
11. D	12. D	13. A	14. B	15. A	16. B	17. C	18. B	19. B	20. A
21. C	22. D	23. D	24. C	25. D	26. B	27. D	28. D	29. C	30. B
31. A	32. A	33. C	34. A	35. D	36. C	37. A	38. A	39. D	40. C
41. C	42. C	43. C	44. A	45. A	46. B	47. C	48. B	49. A	50. B
51. A	52. C	53. B	54. D	55. B	56. C	57. D	58. C	59. B	60. B
61. B	62. B	63. C	64. D	65. D	66. B	67. B	68. D	69. A	70. A
71. A	72. C	73. D	74. A	75. C	76. D	77. D	78. A	79. A	80. C

二、填空题

1. 图标

2. 双击　拖动
3. 层叠
4. 标题栏
5. 关闭
6. 下拉菜单　快捷菜单　开始
7. 主文件名
8. 255　空格
9. *？
10. 路径
11. .txt
12. 展开
13. 文件夹　资源管理器
14. 全部选定　Ctrl + A
15. Shift
16. Alt + Tab(或 Alt + ESC)
17. Ctrl
18. 移动
19. Delete
20. .exe　.com
21. Shift
22. 清空回收站
23. 还原
24. Alt + F4
25. Ctrl + Alt + Del

第 3 章　Word 2003 文字处理软件

3.1　重点、难点提示

3.1.1　Word 2003 概述

重点 1　Word 2003 的启动和退出

1. 启动

可单击“开始”/“程序”/“Microsoft Office”/“Microsoft Office Word 2003”，若桌面上有 Word 2003 快捷方式图标，双击它也可启动；双击 Word 2003 文档也可启动。

2. 退出

可单击标题栏右端的“关闭”按钮，或单击“文件”菜单中的“退出”命令，或按快捷键“Alt + F4”。

重点 2　Word 2003 的窗口组成

Word 2003 窗口由标题栏、菜单栏、工具栏、工作区和状态栏等组成，如图 3 - 1 所示。

标题栏：于窗口的最上端，从左到右依次为：控制菜单图标、窗口标题、最小化、最大化（还原）和关闭按钮。拖动标题栏可以移动窗口，双击标题栏可以放大窗口或恢复窗口原来大小和位置。

菜单栏：位于标题栏下方，菜单栏中共有 9 个菜单项，单击菜单项可以弹出下拉菜单，每个下拉菜单中都包含了若干个菜单命令，单击所需命令可执行该命令。

工具栏：以图标按钮的方式列出了常用的命令，使用按钮可以方便、快捷地完成某些常用的操作。将鼠标指针放在某一按钮上停留片刻，可显示该按钮的名称。

工作区：工作区位于工具栏和状态栏之间，用于打开、显示和编辑文档。

状态栏：位于窗口最下方，用于显示文档页数，节数和插入点的位置等与编辑有关的信息。

标尺：分为水平标尺和垂直标尺，用于显示或调整页边距、段落缩进或设置制表位。

插入点：插入点是工作区中一个不停地闪烁的垂直短线条，也称为光标。新输入的文本或其他对象将出现在插入点所在的位置。在文本区单击鼠标左键或按光标移动键可以移动插入点。

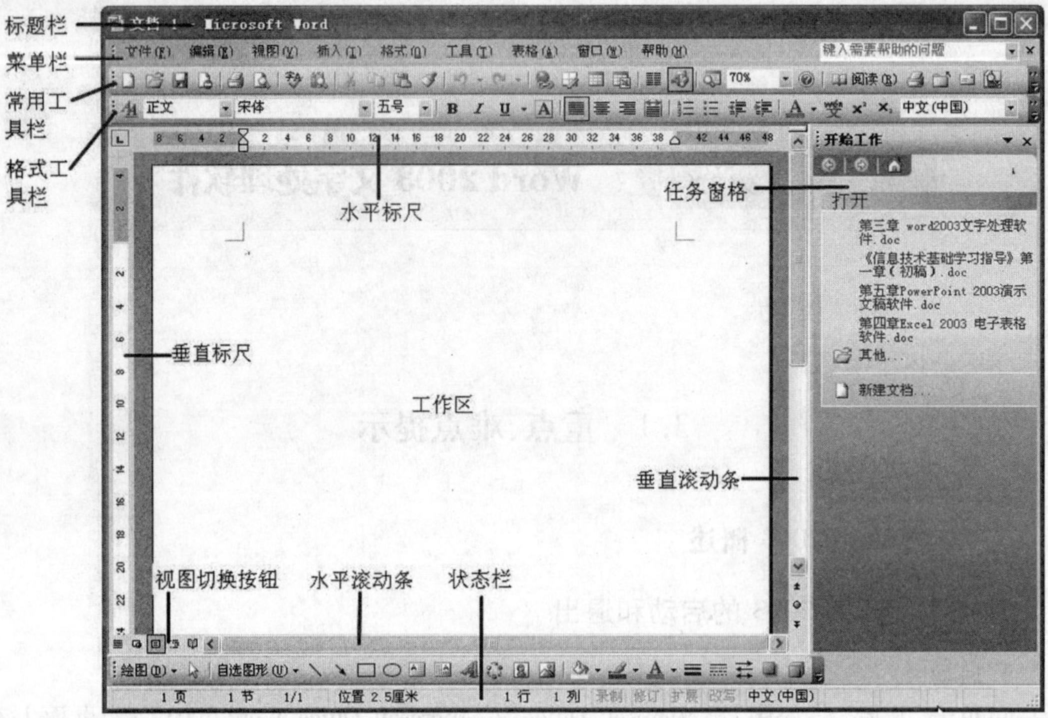

图 3－1　Word 2003 窗口组成

滚动条:分为水平滚动条和垂直滚动条,用来滚动工作区中的文档窗口。

任务窗格:位于窗口右侧,根据不同的选项产生多种功能,如新建文档、剪贴板、打开文档等。

视图切换按钮:用于切换文档视图。

重点 3　Word 2003 的视图

视图就是查看文档的方式,同一个文档可以在不同的视图方式下查看。Word 2003 的主要视图有普通视图、Web 版式视图、页面视图、大纲视图和阅读版式视图等五种。此外以上五种视图配合缩略图或文档结构图一起使用,可以更方便地查看文档。切换视图可使用“视图”菜单中的各种视图命令,也可以使用水平滚动条左侧的视图切换按钮。

3.1.2　文档操作

重点 1　文档管理(难点)

1. 创建新文档

创建新文档的方法有以下几种:

(1) Word 启动后,就自动的创建一个名为“文档 1”的新文档,并将此后所新建的文档依次命名为文档 2、文档 3 等等。

(2) 单击“文件”菜单中的“新建”命令,打开“任务窗格”,单击其中“空白文档”或其他选项。

(3) 单击常用工具栏中的“新建”按钮。

(4)右击桌面或其他文件夹窗口空白处,单击快捷菜单中"新建"下的"Microsoft Word文档"命令,即可创建一个新的Word文档。

2. 保存文档

(1)第一次保存文档:

①单击文件菜单中的"保存"命令或按组合键Ctrl + S。

②单击常用工具栏上的"保存"按钮。

③单击文件菜单中的"另存为"命令。

以上三种方法都会打开如图3-2所示的"另存为"对话框,在对话框中选择文件的保存位置和文件名后,单击"保存"按钮即可。

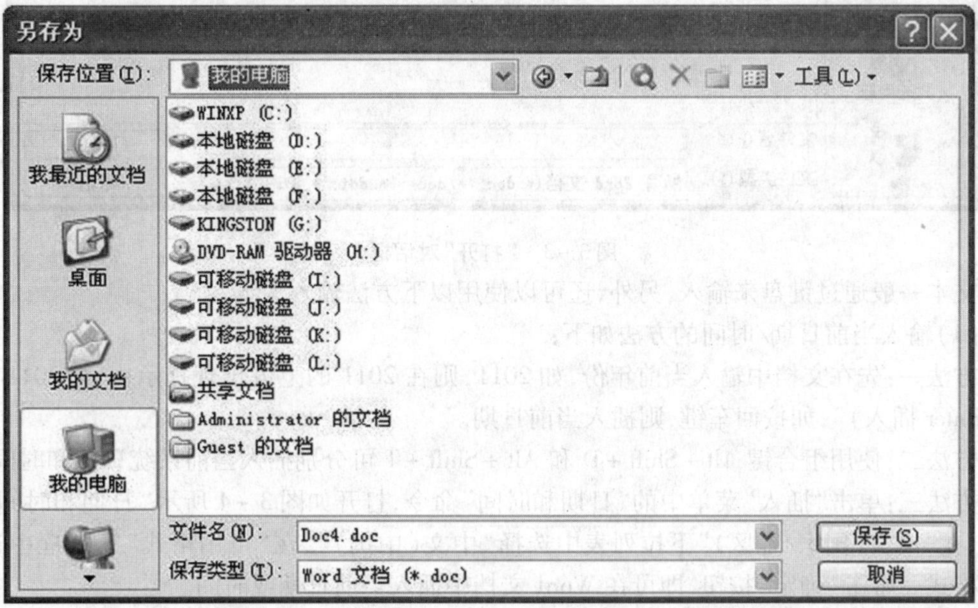

图3-2 "另存为"对话框

(2)保存已有的文档:对于已有的文档在打开或修改后,可用第一次保存文档中的前二种方法即可保存,而且保存过程中不会出现"另存为"对话框。

(3)更改文件名保存文档或改变文档的保存位置:单击"文件"菜单中的"另存为"命令,打开"另存为"对话框,在此对话框中可以另外指定文件名或保存位置。

3. 打开已有的文档、关闭文档

(1)打开已有的文档的方法如下:

①单击"常用"工具栏中的"打开"按钮(或单击"文件"菜单中的"打开"命令,或按下组合键Ctrl + O),打开如图3-3所示的"打开"对话框。

②在"查找范围"下拉列表框中选择目标文件所在的文件夹,在文件名列表框中选定要打开的文件,单击"打开"按钮。也可以在文件名列表框中直接双击目标文件来打开文件。

(2)关闭文档:单击菜单栏右端的"关闭"按钮可以关闭文档窗口,但不退出Word程序。

重点2 文本编辑技术

1. 文本输入

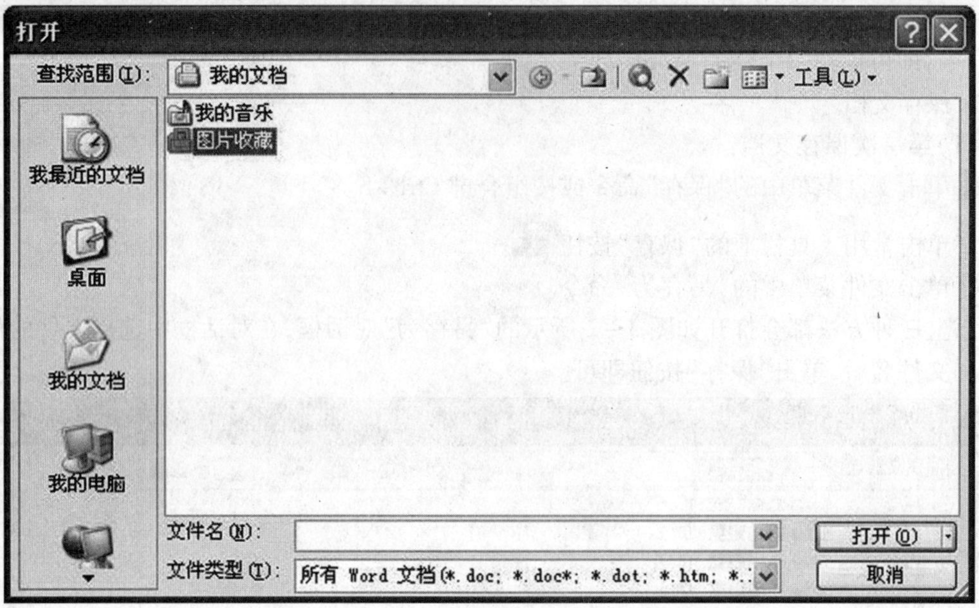

图3-3 “打开”对话框

文本一般通过键盘来输入,另外,还可以使用以下方法输入文本:

(1)输入当前日期/时间的方法如下:

方法一:先在文档中输入当前年份,如2011,则在2011的上方出现提示内容“2011/2/4(按Enter插入)”,如按回车键,则插入当前日期。

方法二:使用组合键Alt+Shift+D和Alt+Shift+T可分别插入当前系统日期和时间。

方法三:单击“插入”菜单中的“日期和时间”命令,打开如图3-4所示“日期和时间”对话框,在“语言(国家/地区)”下拉列表中选择“中文(中国)”,在“可用格式”列表框中选择所需格式。单击“确定”按钮,即可在Word文档中插入当前日期或时间。

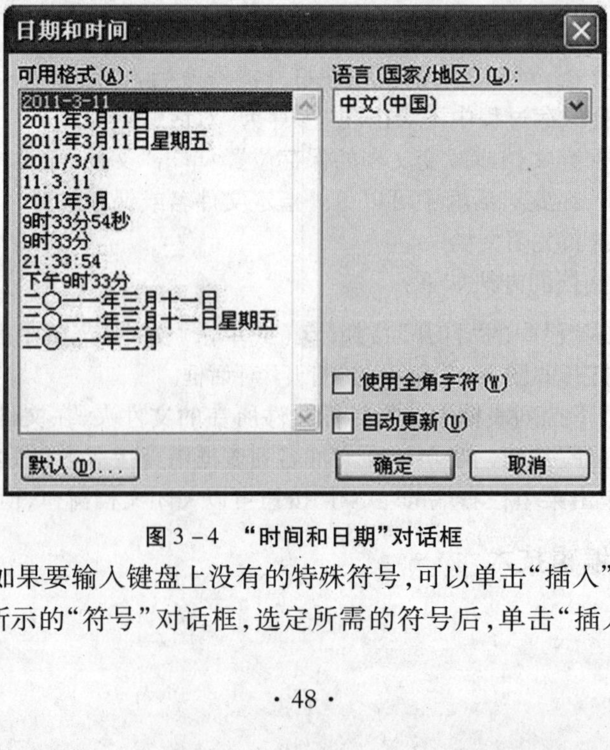

图3-4 “时间和日期”对话框

(2)插入符号:如果要输入键盘上没有的特殊符号,可以单击“插入”菜单中的“符号”命令,打开如图3-5所示的“符号”对话框,选定所需的符号后,单击“插入”按钮即可。也可以使用输入法工具栏上的软键盘来输入特殊符号。

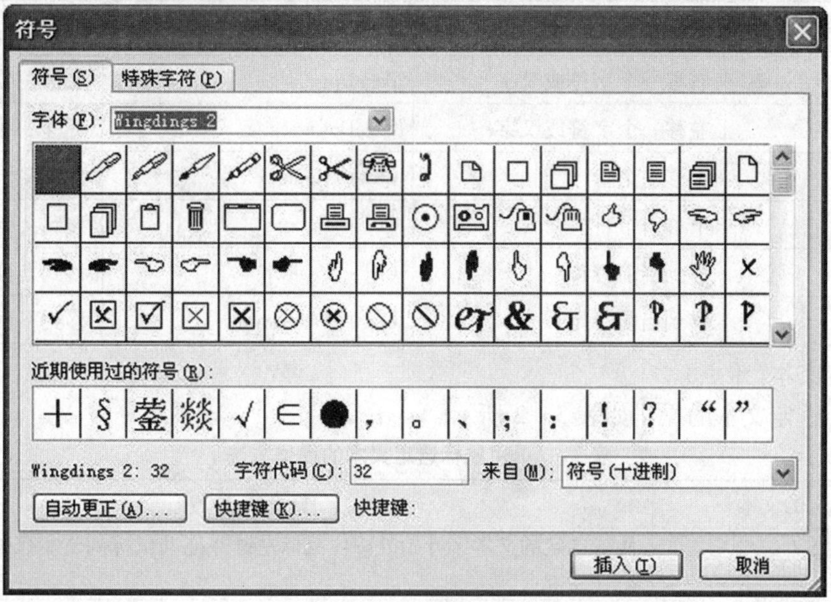

图 3－5　“符号”对话框

(3)插入其他文档中的文本:单击“插入”菜单中的“文件”命令,打开如图 3－6 所示的“插入文件”对话框,在“查找范围”下拉列表框中选择待插入文件的位置,在文件名列表框中选定文件,单击“插入”按钮,就可以插入选定文档中的文本。

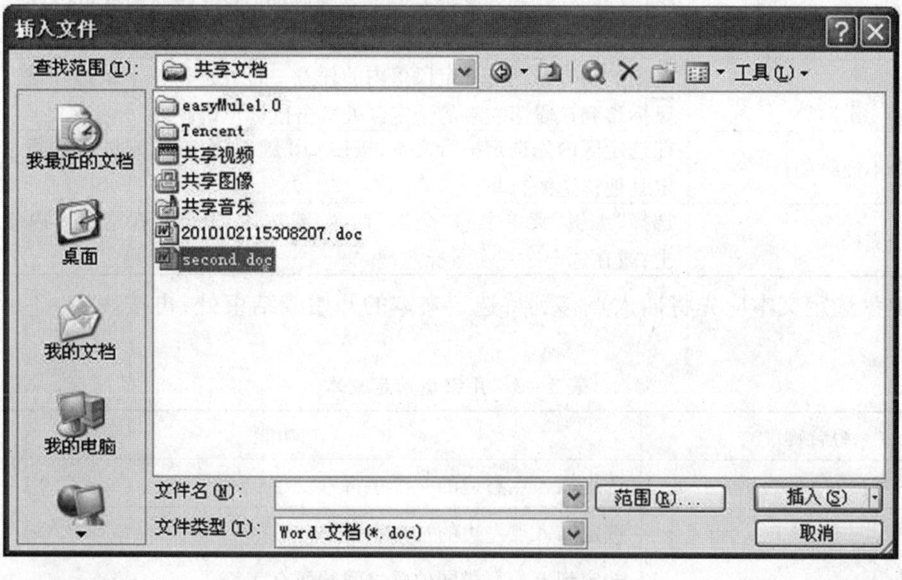

图 3－6　“插入文件”对话框

2. 移动插入点

(1)用鼠标移动插入点:单击目标位置即可将插入点移动到目标位置。

(2)用键盘移动插入点:移动插入点常用的键和组合键及功能如表 3－1 所示。

表 3－1　用键盘移动插入点

键或组合键名	移动插入点效果	键或组合键名	移动插入点效果
→	右移一个字符或汉字	PageUp	上移一屏
←	左移一个字符或汉字	PageDown	下移一屏
↑	上移一个行	Ctrl + Home	移到文档的开头
↓	下移一个行	Ctrl + End	移到文档的末尾
Home	移到当前行首	Ctrl + PageUp	移到上页的顶端
End	移到当前行尾	Ctrl + PageDown	移到下页的顶端

3. 选定文本(难点)

用鼠标选定文本的操作如表 3－2 所示。

表 3－2　用鼠标选定文本的操作方法

欲选定的文本	鼠标操作
选定任意大小的文本区	从待选定的文本区开始处按住鼠标左键并拖动鼠标到文本区的结束处再松开左键
选定大块的文本	用鼠标左键单击待选定区域的开始处,按下 Shift 键,并同时用鼠标单击待选定区域的末尾处
选定一个词	用鼠标双击该词中的任意一个字
选定一个句子	按下 Ctrl 键的同时,用鼠标单击待选定句子的任意一个字符
选定一行或多行	将鼠标指针移动到该行左端的选定区,单击鼠标左键就可以选定该行文本,若在选定区中按住鼠标左键拖动鼠标,则可以选定多行文本
选定一个段落	将鼠标指针移到待选定段落内的任意一行处连击三下鼠标左键。也可将鼠标移到该段落左端的选定区处双击鼠标左键
选定多个不连续的行	在选定区内先选定一行文本,按住 Ctrl 键不放,在选定区内再通过单击选定其他待选的行
选定整个文档	选择“编辑”菜单中的“全选”命令;或按住 Ctrl 键,在选定区内任意处单击;或在选定区三击鼠标左键

用键盘选定文本应先将插入点移到待选定文本的开始或结束处,再按表 3－3 所示方法操作。

表 3－3　用键盘选定文本

组合键	功能
Shift + →	选定插入点右边的一个字符
Shift + ←	选定插入点左边的一个字符
Shift + ↑	选定到上一行相同位置之间的所有字符
Shift + ↓	选定到下一行相同位置之间的所有字符
Shift + Home	选定插入点至该行首之间的所有字符
Shift + End	选定插入点至该行尾之间的所有字符
Shift + PageUp	选定上一屏

续表

组合键	功能
Shift + PageDown	选定下一屏
Ctrl + A	选定整篇文档

4. 移动和复制文本(难点)

在编辑文档过程中,经常需要进行文本的移动和复制操作。移动和复制文本常用的方法如下:

(1)移动文本操作步骤如下:

①选定文本。

②单击“文件”(或右键)菜单中的“剪切”命令,或单击常用工具栏中的“剪切”按钮 ,或按组合键 Ctrl + X。

③将插入点定位到目标位置。

④单击“文件”(或右键)菜单中的“粘贴”命令,或单击常用工具栏中的“粘贴”按钮 ,或按下组合键 Ctrl + V。

也可以将选定的文本直接用鼠标(按左键或右键均可)拖动到目标位置。

(2)复制文本步骤如下:

①选定文本。

②可单击“文件”(或右键)菜单中的“复制”命令,或单击常用工具栏中的“复制”按钮 ,或按组合键 Ctrl + C。

③将插入点移动到目标位置。

④单击“文件”(或右键)菜单中的“粘贴”命令,或单击常用工具栏中的“粘贴”按钮 ,或按下组合键 Ctrl + V。

也可以在选定文本后,用右键拖动文本到目标位置;或按下 Ctrl 键,按住左键拖动文本到目标位置。

5. 插入和删除文本

(1)插入文本:在插入模式下,先将插入点移动到要插入文本的位置,直接输入新文本即可。如果文档不是处于插入状态,可用鼠标双击状态栏中的“改写”按钮或按 Insert 键。

(2)删除文本方法如下:

①将插入点移动到待删除的文本的开头,按下 Delete 键可删除插入点之后的文本。

②将插入点移动到待删除文本的末尾,按下 Backspace 键可删除插入点之前的文本。

③选定待删除的文本,按下 Delete 键或按下 Backspace 键,或单击“编辑”菜单中的“剪切”命令,或选择“编辑”→“清除”→“内容”命令。

6. 查找和替换

(1)查找文本:单击“编辑”菜单中的“查找”命令或按组合键 Ctrl + F,打开如图 3 - 7 所示的“查找和替换”对话框,在“查找”选项卡的“查找内容”文本框内输入要查找的内容,单击“查找下一处”按钮开始查找,找到的文本呈反白显示,再次单击“查找下一处”按钮,可继续查找。

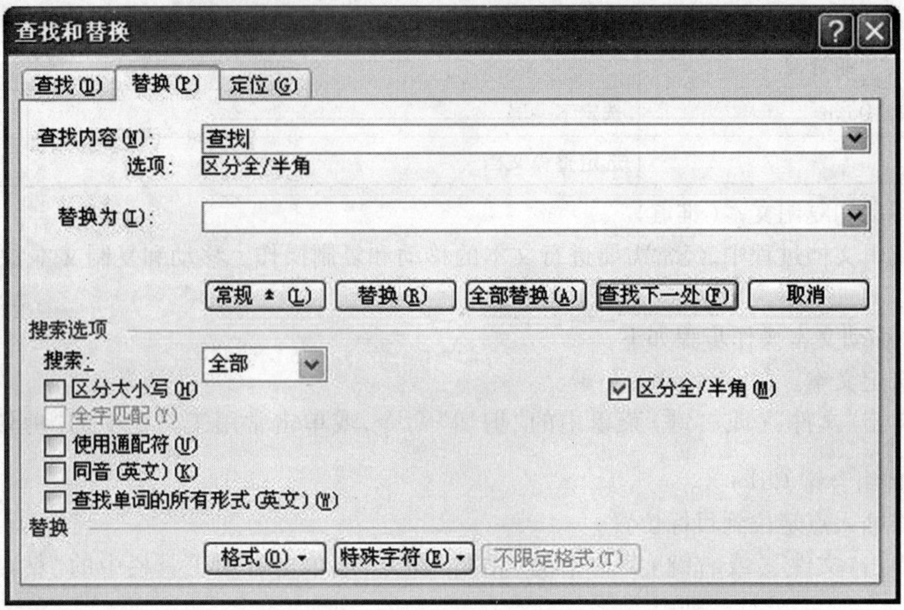

图 3-7 “查找和替换”对话框

单击“查找和替换”对话框中的“高级”按钮，可以打开一个能设置详细查找条件的对话框，通过设置各种条件，可以快速找到符合条件的文本。

(2)替换文本：单击“查找和替换”对话框中的“替换”标签，打开“替换”选项卡，在“查找内容”和“替换为”列表框中分别输入相应的内容，单击“查找下一处”按钮开始查找，找到的目标文本反白显示，如果要替换，则单击“替换”按钮，否则单击“查找下一处”按钮继续查找，边找边替换。如果单击“全部替换”按钮可一次性完成全部替换。

7. 撤消与恢复

在编辑菜单中有“撤消××”和“重复××”两个命令，“常用”工具栏上也有两个相应的按钮和下拉列表框。其中“××”两字是随着编辑操作而改变。例如，做了一次输入“电脑”两个字的操作后，这组命令就变为“撤消输入”和“重复输入”，此时如果单击“重复输入”命令或按钮，则在插入点处就会重复输入“电脑”两个字；如果单击“撤消输入”命令或按钮，那么刚刚输入的“电脑”两个字就会被清除。

3.1.3 文档排版

重点 1 设置文本格式(难点)

1. 字体、字形、字号、字的颜色和下划线

(1)使用“格式”菜单中的“字体”命令：

①选定要设置格式的文本。

②单击“格式”菜单中的“字体”命令，打开图 3-8 所示的“字体”对话框。

③在“字体”选项卡中，可设置英文字体、中文字体、字形、字号、颜色、下划线格式。

④设置完成后，单击“确定”按钮。

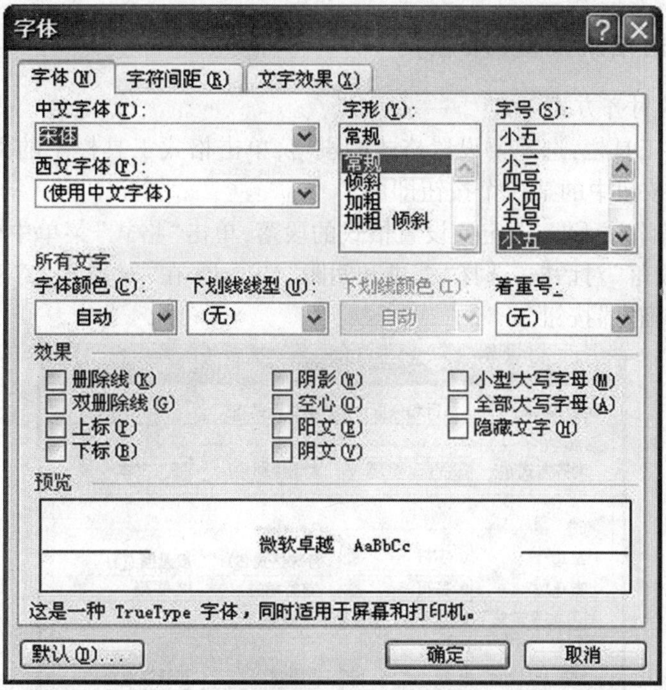

图 3-8　"字体"对话框

(2)使用格式工具栏:选定要设置格式的文本。可以使用格式工具栏中的"字体"、"字号"列表框,"加粗"、"倾斜"按钮和"颜色"、"下划线"下拉按钮进行设置。

2. 其他文字效果的设置

(1)使用"字体"对话框:

①选定要设置格式的文本。

②单击"格式"菜单中的"字体"命令。

③在字体对话框的"字体"选项卡中,可以设置上标、下标、阳文、阴文、删除线、空心、阴影、着重号等格式。在"字符间距"和"文字效果"选项卡中,还可以进行其他文字格式的设置。

④设置完成后,单击"确定"按钮即可。

(2)使用格式工具栏:在格式工具栏上可以进行字符的"边框"、"底纹"等设置。

3. 复制和清除文本格式

(1)复制文本格式:使用常用工具栏中的"格式刷"按钮,可以很方便地将一部分文字的格式和段落格式复制到另一部分文字或段落中去,使它们具有相同的格式。

格式刷的使用方法:先选定已经设置好格式的文本或段落,再单击或双击常用工具栏中的"格式刷"按钮,然后将鼠标从要复制格式的文本开始处拖动到结束处即可。要注意的是,单击"格式刷"按钮时,"格式刷"只能使用一次;而双击"格式刷"时,"格式刷"可多次使用。要取消格式刷功能,可单击"格式刷"按钮或按 ESC 键。

(2)清除文本格式:选定要清除格式的文本,再按下 Ctrl + Shift + Z,即可清除文本格式。也可以打开"格式"工具栏中的"样式"下拉列表框,单击"清除格式"选项。

重点2　段落格式设置(难点)

1. 设置段落的对齐方式

(1)使用格式工具栏:选定要设置格式的段落,单击格式工具栏中的两端对齐、居中、右对齐、分散对齐等按钮中的某一个按钮即可。

(2)使用“段落”对话框:选定要设置格式的段落,单击“格式”菜单中的“段落”命令,打开图3－9所示“段落”对话框,选择“缩进和间距”选项卡,在“对齐方式”下拉列表框中选择对齐方式。单击“确定”按钮。

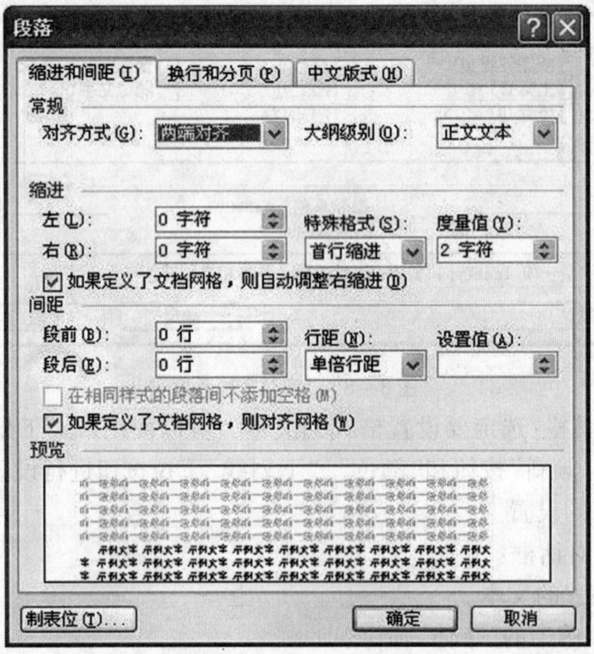

图3－9　“段落”对话框

2. 设置段落的缩进

(1)使用格式工具栏:选定段落,单击格式工具栏中的“增加缩进量”或“减少缩进量”按钮可以设置选定段落的左缩进。

(2)使用“段落”对话框:选定要设置缩进的段落,单击“格式”菜单中的“段落”命令,打开“段落”对话框,在“缩进和间距”选项卡中,单击“缩进”下的“左”、“右”文本框右侧的增/减量按钮,可以设置段落的左、右缩进量。也可以直接输入缩进量,如直接输入“1英寸”。在“特殊格式”下拉列表框中可以设置首行缩进或悬挂缩进。设置完成后单击“确定”按钮。

(3)使用“水平标尺”中左缩进、右缩进、首行缩进滑块:选定要设置缩进的段落,用鼠标拖动“水平标尺”上的左缩进、右缩进、首行缩进滑块,也可以设置段落的左、右缩进量和首行缩进。

3. 设置行距和段间距

(1)使用格式工具栏:选定需要设置行距的文本,单击格式工具栏中的行距按钮右侧的下拉按钮,在下拉列表中可以选择或设置行距。

（2）使用“段落”对话框：选定需要设置行距的文本，单击“格式”菜单中的“段落”命令，打开“段落”对话框的“缩进和间距”选项卡，在“行距”下拉列表框中共有单倍行距、1.5 倍行距、最小值、固定值、多倍行距五个选项。根据需要单击某一选项，即可设定行距。注意，如果选择了后三个中的某一项，则需在“设置值”数值框中输入具体的数值。如果需要设置段间距，可使用“段前”和“段后”文本框右侧的增/减量按钮来设置，也可直接输入数值和单位。设置完毕，单击“确定”按钮。

4. 项目符号和编号

在某些段落前添加项目符号或编号，可以使得文档更有条理。项目符号和编号可以在文本输入时或输入后进行添加。

（1）输入文本时自动创建项目符号和编号的方法如下：

①添加项目编号：先输入如“1.”、“（1）”、“第一”等格式的第一个编号，再输入文本，当输完一个段落后按 Enter 键，Word 会自动在下一段开头处产生下一个后续编号。如果要结束使用自动编号，按下 Backspace 删除最后一个编号或按两次 Enter 键即可。

②添加项目符号：先输入一个星号“ * ”，然后按空格键或 Tab 键，当输完一个段落后按 Enter 键，Word 会自动把星号“ * ”变成项目符号“●”，并在下一段开头处产生下一个项目符号。

注意：如果项目符号或编号不能自动产生，可单击“工具”菜单中的“自动更正选项”，打开“自动更正”对话框，在“键入时自动套用格式”选项卡中选中“自动项目符号列表”和“自动编号列表” 复选框，再单击“确定”按钮即可。

（2）输入文本后给段落添加项目符号和编号：

选定要添加项目符号或编号的段落，单击格式工具栏上的项目符号或编号按钮即可。也可以单击“格式”菜单中的“项目符号和编号”命令，在打开的图 3－10 所示的“项目符号和编号”对话框进行设置。

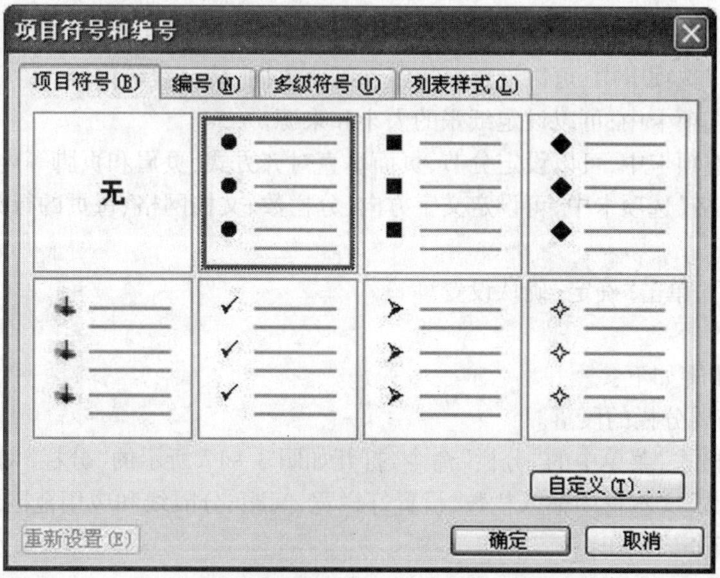

图 3－10　“项目符号和编号”对话框

如果要删除项目符号和编号，可先选定带项目符号或编号的段落，再单击“常用”工具栏上的“项目符号”或“编号”按钮即可。

重点3　版面设置和打印文档

1. 页面设置

单击“文件”菜单中的“页面设置”命令，打开如图3－11所示的“页面设置”对话框。此对话框共有页边距、纸张、版式、文档网格等四个选项卡。

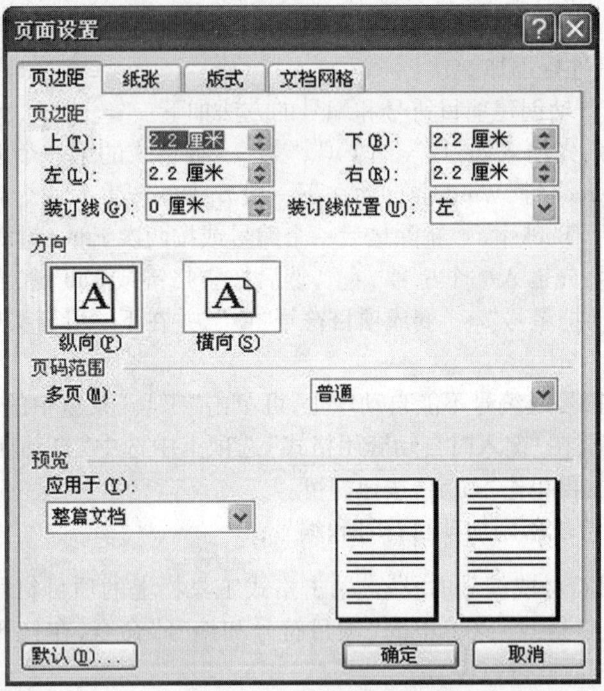

图3－11　“页面设置”对话框

在“页边距”选项卡中，可以设置页边距和纸张方向，装订线等内容。

在“纸张”选项卡中，可以设定纸张的大小和来源。

在“版式”选项卡中，可以设定分节，页面垂直对齐方式，页眉和页脚等内容。

在“文档网格”选项卡中，可设定文字方向、分栏数、文档网格、每页的行数和每行的字数等内容。

设置完成后，单击“确定”确认设置。

2. 分栏

分栏操作步骤如下：

(1)选定需要分栏的段落。

(2)单击“格式”菜单中的“分栏”命令，打开如图3－12所示的“分栏”对话框。

(3)在“栏数”文本框中输入栏数，设置好栏宽、间距、分隔线和应用范围。

(4)单击“确定”按钮。

3. 插入页码

插入页码的具体操作如下：

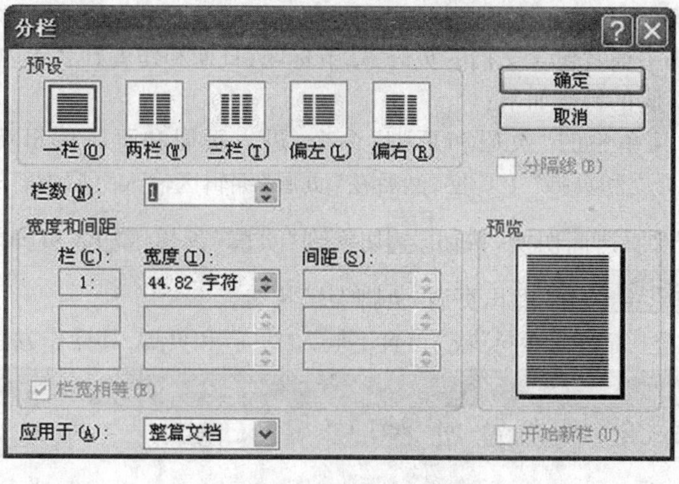

图 3 – 12　“分栏”对话框

（1）单击“插入”菜单中的“页码”命令，打开如图 3 – 13 所示“页码”对话框。

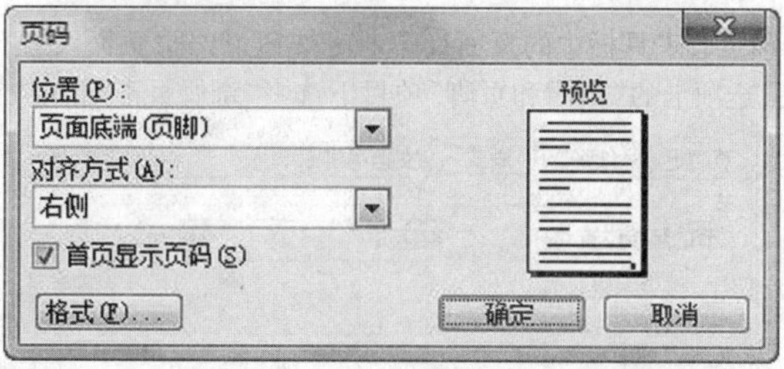

图 3 – 13　“页码”对话框

（2）在“位置”和“对齐方式”下拉列表中选定页码在页面中的垂直和水平位置，“首页显示页码”选项决定文档第一页是否插入页码。如果需要改变页码格式，可单击“格式”按钮，打开如图 3 – 14 所示“页码格式”对话框，设置完成后单击“确定”按钮返回“页码”对话框。

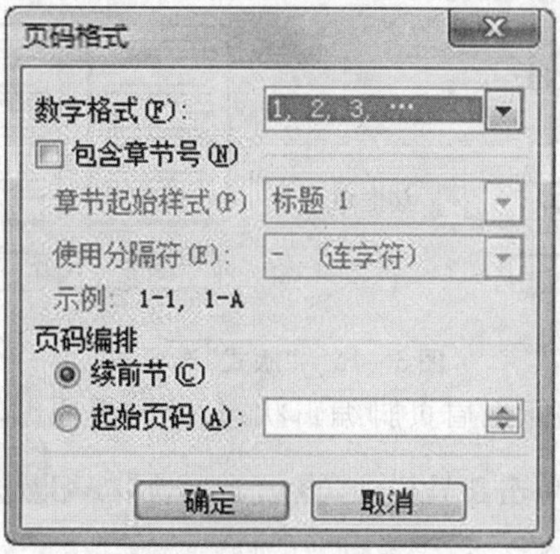

图 3 – 14　“页码格式”对话框

（3）单击“确定”按钮。

4. 页眉和页脚

在页眉和页脚中通常包含文档的页码、章节标题、日期和作者姓名等内容。

编辑页眉和页脚的操作如下：

单击“视图”菜单中的“页眉和页脚”命令，进入页眉和页脚编辑状态，同时显示如图3－15所示的“页眉和页脚”工具栏，然后在“页眉”编辑区输入页眉内容，单击页眉和页脚工具栏中“在页眉和页脚间切换”按钮切换到“页脚”编辑区输入页脚内容，再单击工具栏中的“关闭”

按钮，退出页眉/页脚编辑状态。

有时，需要建立“奇偶页不同”或“首页不同”的页眉和页脚，其操作方法如下：

图3－15 “页眉和页脚”工具栏

(1)单击“视图”菜单中的“页眉和页脚”命令，进入页眉和页脚编辑状态。

(2)单击页眉和页脚工具栏中的页面设置按钮，打开“页面设置”对话框，在如图3－16所示的“版式”选项卡的“页眉和页脚”项目下选中“奇偶页不同”或“首页不同”选项。

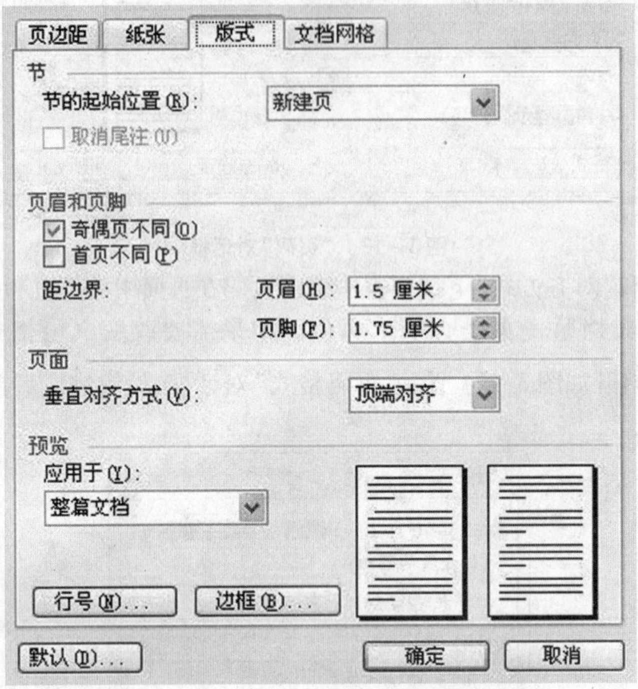

图3－16 “版式”选项卡

(3)单击“确定”按钮返回页眉页脚编辑状态，此时页眉编辑区的出现文字“奇数页页眉”，输入奇数页眉内容后，单击工具栏中“显示下一项”按钮切换到“偶数页页眉”编辑区再输入页眉内容。

(4)单击工具栏中的“关闭”按钮，完成设置。

5. 首字下沉

首字下沉的设置方法如下：

(1)单击“格式”菜单中的“首字下沉”命令，打开如图 3－17 所示的“首字下沉”对话框。

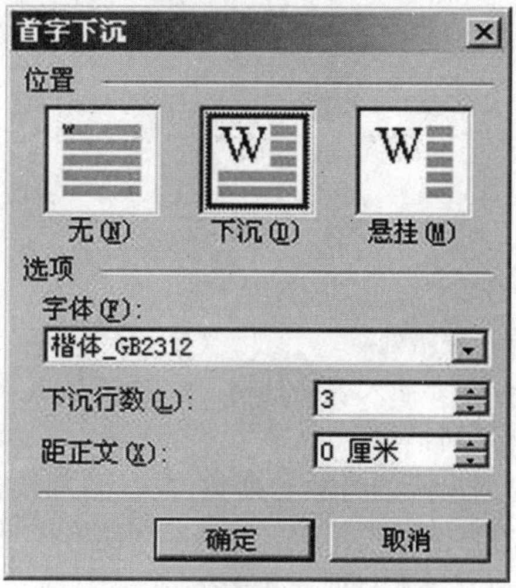

图 3－17　“首字下沉”对话框

(2)在“位置”项目下选择“下沉”或“悬挂”，再设置首字的字体，下沉行数和距正文的距离。

(3)单击“确定”按钮，完成设置。

6. 打印文档

如果只打印一份文档，只要单击常用工具栏上的“打印” 按钮即可。

如果要打印多份文档或只打印文档中的某一页或几页，则应选择“文件”→“打印”命令或按组合键 Ctrl + P，打开图 3－18 所示的“打印”对话框，在“打印”对话框的“页码范围”中

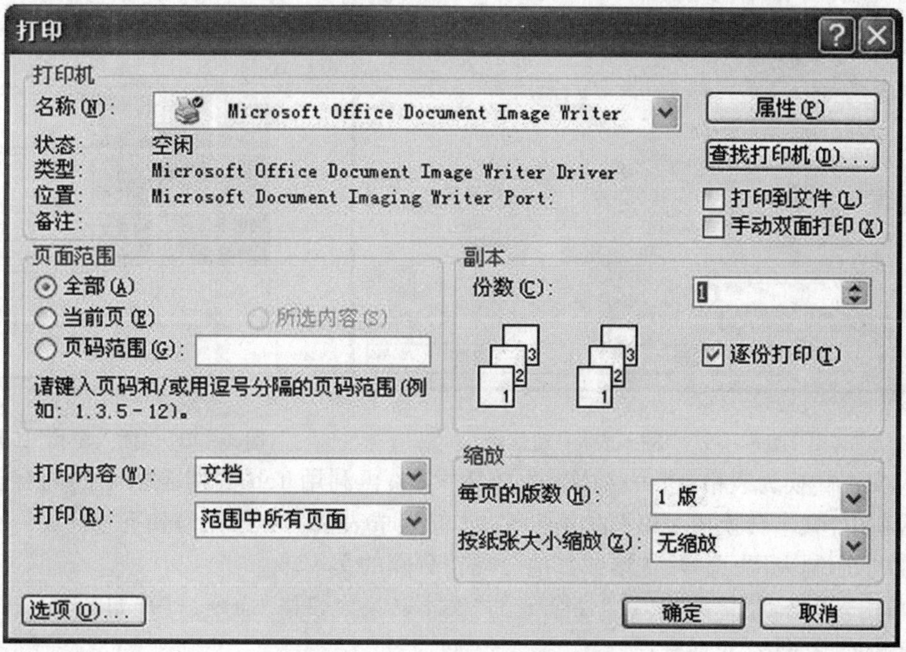

图 3－18　“打印”对话框

确定要打印的页码,在“副本”项目下的“份数”文本框中输入所需的份数,如果需要缩放打印,在“缩放”项目下选择并设置“每页的版数”或“按纸张缩放”(即打印所使用的纸张),单击“确定”按钮,开始打印文档。

3.1.4 表格操作

重点1 创建表格

1. 自动创建表格

(1)使用“插入表格”命令:

①将插入点定位在要插入表格处。

②单击“表将插入点定位在要插入表格处格”菜单的“插入”命令下的“表格”命令,打开如图3－19所示的“插入表格”对话框。

③在“表格尺寸”下方选择所需的行数和列数,在“‘自动调整’操作”下,选择调整表格大小的选项,若要使用内置的表格格式,可单击“自动套用格式”按钮进行设置。

④单击“确定”按钮,即可在插入点处插入表格。

(2)使用常用工具栏中的“插入表格”按钮:将插入点定位在文档中要插入表格的位置,单击常用工具栏中的“插入表格”按钮,在“插入表格”按钮的下方出现如图3－20所示的“插入表格”工具,在“插入表格”工具中按左键拖动鼠标到所需的行数和列数,放开鼠标左键即可在插入点处插入所需要的表格。

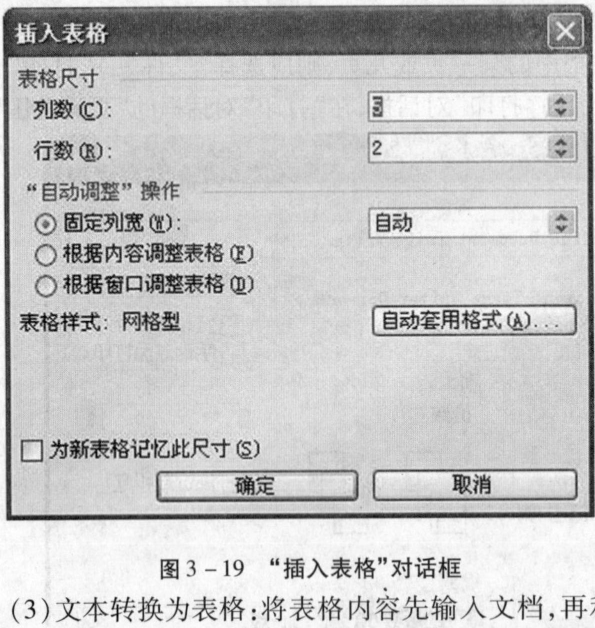

图3－19 “插入表格”对话框

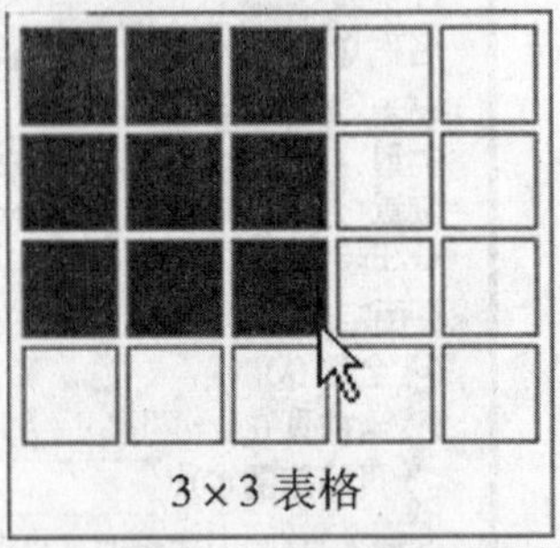

图3－20 “插入表格”工具

(3)文本转换为表格:将表格内容先输入文档,再利用Tab键将表格中的内容上、下对齐,然后利用“文本转换成表格”的功能将文本转换成表格。具体操作如下:

①选定用制表位、逗号、空格或其他分隔符分隔的文本。

②单击“表格”菜单的“转换”命令下的“文本转换成表格”命令,打开如图3－21所示的“将文字转换成表格”对话框。

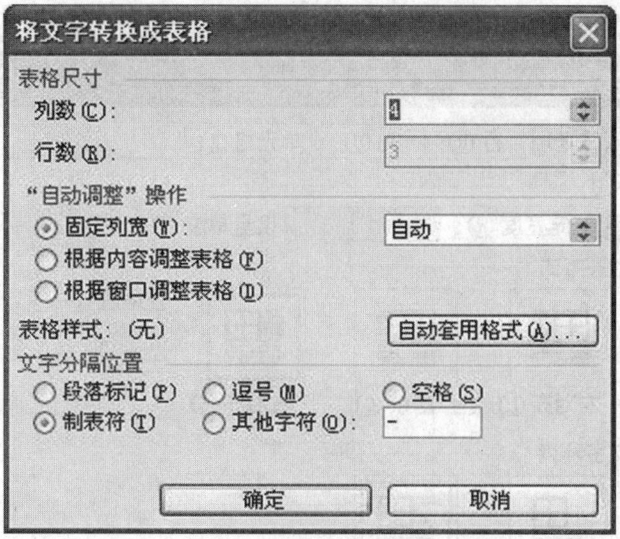

图 3-21　"将文字转换成表格"对话框

③必要时，在对话框中输入所需要的列数和行数，在"文字分隔位置"下选择适当的分隔符号。

④单击"确定"按钮，即可将选定的文本转换成表格。

另外，对于选定的表格，单击"表格"菜单的"转换"命令下的"表格转换成文本"命令，也可将表格转换成文本。

2. 手工绘制表格

手工绘制表格的操作方法如下：

单击"视图"菜单的"工具栏"命令下的"表格和边框"命令，或单击常用工具栏中的"表格和边框"按钮，打开如图 3-22 所示的"表格和边框"工具栏，鼠标指针也变成笔的形状，把笔状的鼠标指针移动到文档中需要绘制表格的地方，按住左键拖动鼠标可以绘制出表格的外框线，再用拖动鼠标的方法可以绘制出表格的水平线、垂直线或斜线，直到绘制好表格。另外，使用"表格和边框"工具栏中的"擦除"按钮，可以擦除表格中不需要的线条。

图 3-22　"表格和边框"工具栏

3. 在表格中输入文本

建立好空表格后，将插入点移动定位到单元格中，即可在该单元格中输入文本，输入完毕，移动插入点到其他单元格继续输入文本或数据。

重点 2　表格格式设置（难点）

1. 设置表格位置和尺寸

选定表格，单击"表格"菜单中的"表格属性"命令，打开如图 3-23 所示的"表格属性"对话框，选择"表格"选项卡，选中"尺寸"项目下的"指定宽度"复选框，可以设置表格宽度，在"对齐方式"项目下，可以设置表格的对齐方式，在"文字环绕"项目下，可以设置表格与文字的有无环绕。设置完毕,单击"确定"按钮。

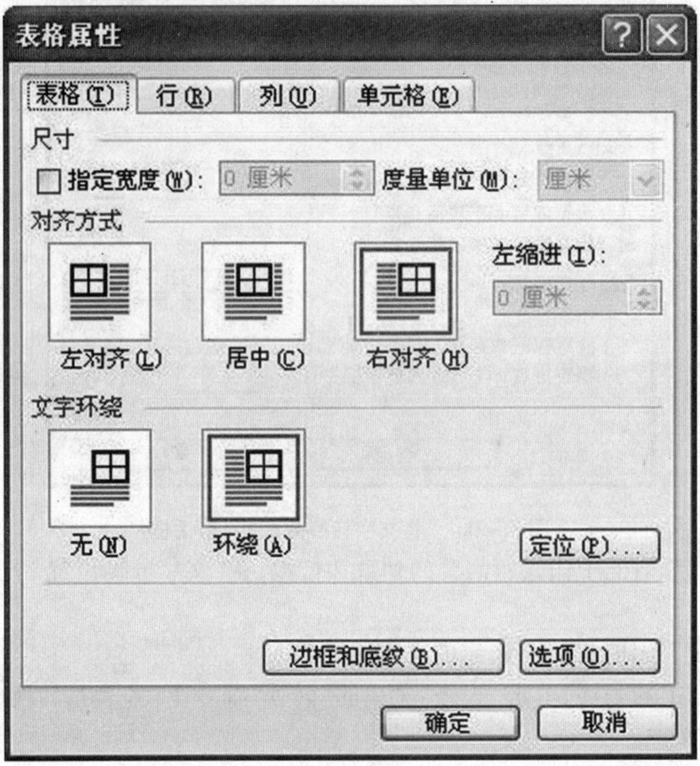

图 3-23 "表格属性"对话框

2. 设置单元格格式

首先,单元格中的文本可以进行字体、字形、字号、颜色、下划线等设置,设置方法与文档中的普通文本一样。

其次,单元格中的文本还可以设置对齐方式。具体操作如下:选定要设置对齐方式的单元格,单击右键,在快捷菜单中将鼠标指向"单元格对齐方式",打开"单元格对齐方式"工具,如图 3-24 所示,工具栏中共有 9 种对齐方式,单击其中所需要的格式即可。另外在"表格与边框"工具栏中的"单元格对齐方式"下拉列表中也可以设置单元格文本对齐方式。

图 3-24 "单元格对齐方式"工具栏

3. 表头(标题行)重复

当一张表格超过一页时,为了在表格第一页以外的页面中的表格也显示或打印标题行,可以先选定标题行,再单击"表格"菜单中的"标题行重复"命令即可。

4. 表格自动套用格式

使用表格自动套用格式可以使得表格的格式设置变得更为容易。具体操作如下:

将插入点定位在表格中,单击"表格"菜单中的"表格自动套用格式"命令,打开图 3-25 所示的"表格自动套用格式"对话框。在"类别"下拉列表框中选择表格样式的类别,在"表格样式"列表框中显示所选的样式类别中所有的表格样式,选定一种样式后,在"预览"框中可以查看效果,在"将特殊格式应用于"项目下选择需要的选项,设置完毕单击"应用"按钮。

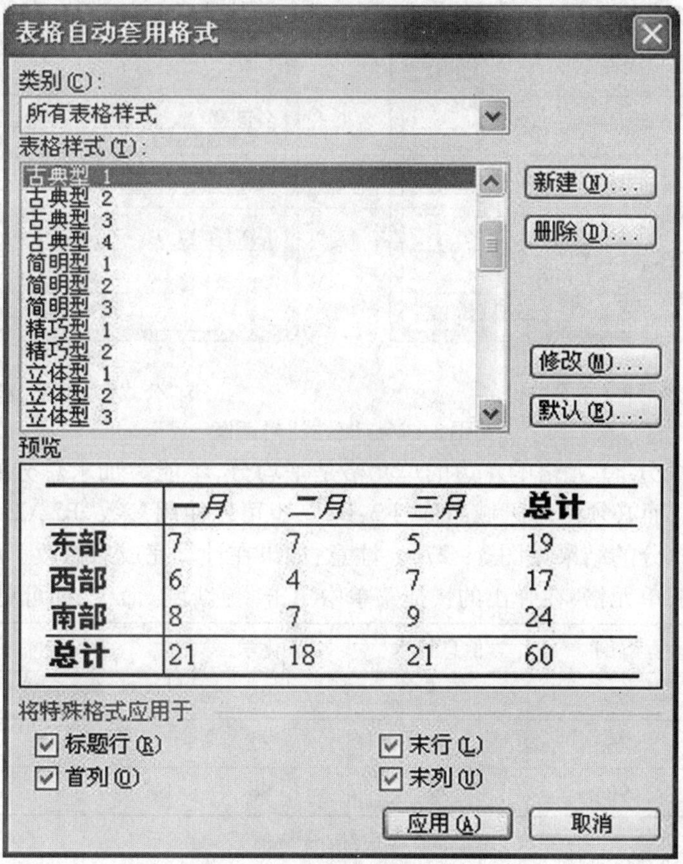

图 3－25　“表格自动套用格式”对话框

重点 3　表格中数据计算与排序(难点)

Word 提供了对表格中的数据进行统计计算和排序的功能。

1. 表格数据计算

Word 数据计算主要是求和、求平均值、求绝对值、计数、取整、求最大值、求最小值等计算功能。下面以图 3－27a 中计算学生成绩的平均分和总分为例,来说明操作方法。

求平均分的步骤如下:

(1)单击存放平均成绩的单元格,本例为第二行第五列。

(2)单击“表格”菜单中的“公式”命令,打开“公式”对话框,如图 3－26a 所示。

(3)在“公式”列表框中输入“＝AVERAGE(LEFT)”,函数名也可以用“粘贴函数”下拉列表框来输入。在“数字格式”下拉列表框中选择数字格式。

(4)单击“确定”按钮即可求出第一个学生的平均分,用相同的方法可求出其他学生的平均分。

求总分步骤如下:

(1)单击存放总分的单元格,本例为第二行第六列。

(2)单击“表格”菜单中的“公式”命令,打开“公式”对话框,如图 3－26b 所示。

(3)在“公式”列表框中输入“＝SUM(B2:D2)”,

(4)单击“确定”按钮即可。用相同的方法可求出其他学生的总分。

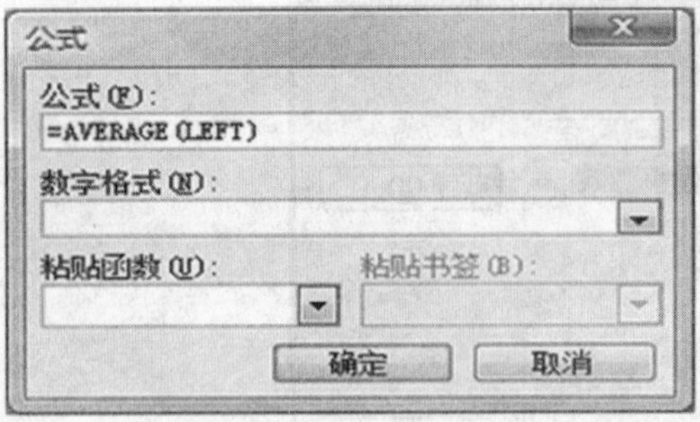

a“公式”对话框(求平均分)

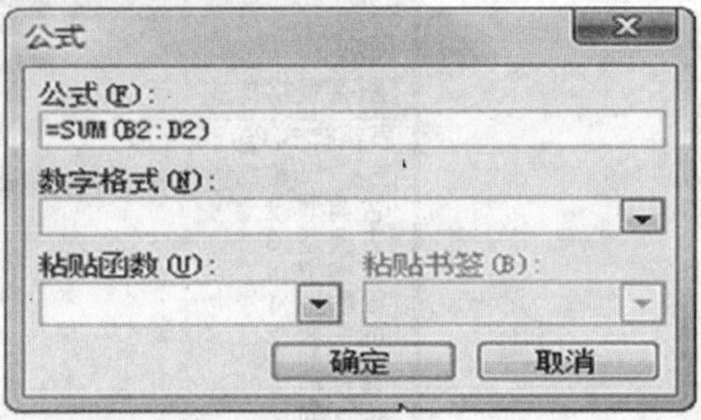

b“公式”对话框(求总分)

图 3-26 “公式”对话框

注意:因为“总分”单元格的左边的单元格是平均分,不能参加求总分的计算,所以参数不能使用“LEFT”,而必须使用区域名称“B2:D2”,也可以使用参数“B2,C2,D2”。

求平均分和总分的结果见图 3-27b。注意:如果在计算完成后修改了原始数据,只要右击存放计算结果的单元格,在弹出的快捷菜单中单击“更新域”命令,即可更新计算结果。

姓名	解剖	信息技术	化学	平均分	总分
袁世华	85	92	86		
李国瑞	76	80	82		
王小芳	90	82	86		

a 学生成绩(计算前)

姓名	解剖	信息技术	化学	平均分	总分
袁世华	88	92	80	86.67	260
李国瑞	76	80	82	79.33	238
王小芳	90	84	86	86.67	260

b 学生成绩(计算后)

图 3-27 求平均分和总分前、后

2. 排序

以图 3-27b 为例,对表中的成绩按总分进行降序排序,总分相同时,再按解剖成绩降序排序。具体操作如下:

(1)将插入点放在要进行排序的成绩单表格中。

(2)单击“表格”菜单中的“排序”命令,打开如图 3-28 所示的“排序”对话框。

(3)在“主要关键字”下拉列表框中选择“总分”,并选择右侧“降序”单选按钮。在“次要关键字”列表框中选择“解剖”,并选择右侧“降序”单选按钮。在“列表”项目下选择“有标题行”。

(4)单击“确定”按钮。排序结果如图 3-29 所示。

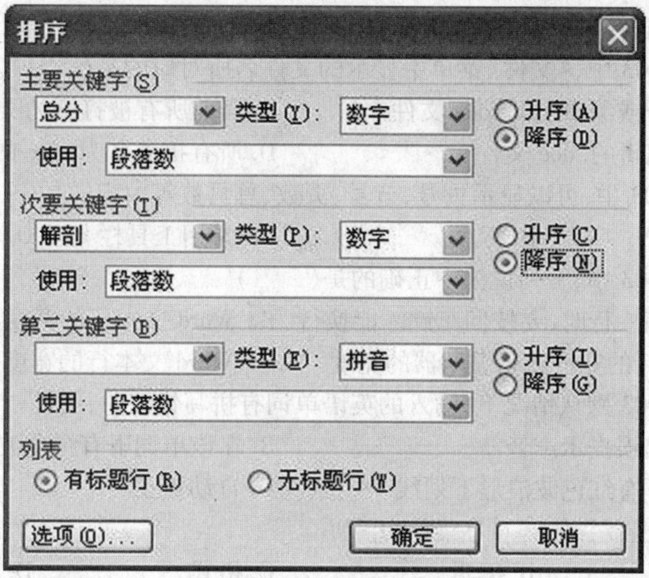

图 3－28　“排序”对话框

姓名	解剖	信息技术	化学	平均分	总分
王小芳	90	84	86	86.67	260
袁世华	88	92	80	86.67	260
李国瑞	76	80	82	79.33	238

图 3－29　排序结果

3.1.5　图文混排

重点 1　插入图片、艺术字、文本框等对象(难点)

插入剪贴画、图片(来自文件)、艺术字、绘制图形、文本框等操作可以使用“插入”菜单中的“图片”命令下的相应命令,也可以使用“绘图”工具栏。

3.2　综合练习

3.2.1　选择题

1. Word 文档的扩展名为(　　)。

A. .txt　　B. .doc　　C.. xls　　D. .mp3

2. Word 是微软公司提供的一种(　　)。

A. 图片处理软件　　B. 表格处理软件　　C. 文字处理软件　　D. 数据库软件

3. 启动 Word 2003 后,程序会自动创建一个名为(　　)的文档。

A. 文档 1　　B. 文档 2　　C. 文件 1　　D. 文件 2

4. Word2003 主窗口的标题栏最右侧显示的按钮是(　　)。

A. 最小化按钮　B. 还原按钮　C. 关闭按钮　D. 最大化按钮

5. 在 Word 2003 中,“文件”菜单中显示的文件名所对应的是(　　)。

A. 最近被打开或编辑过的. doc 文件　B. 当前所有被打开的文件

C. 当前正在编辑的. doc 文件　D. 所有扩展名为. doc 的工文件

6. 在 Word 2003 中,可以显示页号、节号、页数、总页数等内容的是(　　)。

A. 菜单栏　B. 标尺　C. 常用工具栏　D. 状态栏

7. 在 Word 2003 中,下列说法中正确的是(　　)。

A. 输入文本满一行时,要按回车键才能换行　B. Word 文本行的宽度与页面设置有关

C. Word 文本行的宽度就是显示器的宽度　D. Word 文本行的宽度用户无法控制

8. 在 Word 2003 默认情况下,输入的英语单词有拼写错误时,会(　　)。

A. 系统发出错误提示声音　B. 在该单词下有绿色波浪形下划线

C. 在该单词下有红色波浪形下划线　D. 自动更正

9. “页面设置”命令在(　　)菜单中。

A. 文件　B. 编辑　C. 格式　D. 工具

10. Word 2003 具有的功能是(　　)

A. 文字编辑　B. 表格处理　C. 绘制图形　D. 以上都是

11. (　　)不属于 Word 2003 窗口的组成部分。

A. 标尺　B. 标题栏　C. 对话框　D. 状态栏

12. 如果要关闭 Word 文档而不关闭 Word 程序窗口,则应单击“文件”菜单中的(　　)命令。

A. 保存　B. 关闭　C. 退出　D. 属性

13. 在 Word 中,若要输入符号“£ ”,则应使用 (　　)菜单中的相应命令。

A. 文件　B. 表格　C. 视图　D. 插入

14. 中文 Word 文字编辑排版软件的运行环境是(　　)。

A. DOS　B. Windows　C. UCDOS　D. WPS

15. 在 Word 中,若要将文字设置成下标的形式,应使用“格式”菜单中的(　　)命令。

A. 分栏　B. 背景　C. 字体　D. 主题

16. 在 Word 中,执行“编辑”菜单中的“复制”命令后, (　　)。

A. 选定的内容被复制到剪贴切板

B. 选定的内容被粘贴到插入点所在处

C. 插入点所在的段落被复制到剪贴板

D. 整个文档内容被复制到剪贴板

17. 在 Word 文档中,对某段落设置首字下沉,要使用 (　　)菜单中的相应命令。

A. 文件　B. 编辑　C. 窗口　D. 格式

18. 在 Word 中,打开名为 report 的文档,另存为名为 newreport 文档,则当前文档是(　　)。

A. report　B. newreport

C. report 和 newreport　D. 文档 1

19. 选定 Word 文档中的文本后,使用鼠标拖动的方法移动文本时,所需的键盘操作是

(　　)。

A. 按住 F1 键　B. 按住 Ctrl 键　C. 按住 Alt 键　D. 不需要键盘操作

20. 在 Word 文档中,下列关于文字字号大小的比较中,正确的是(　　)。

A. 三号大于五号　B. 三号小于五号　C. 12 磅大于 20 磅　D. 字的大小都一样

21. 在 Word 编辑状态下,选定文本的对齐方式是分散对齐,如果连续两次单击工具栏中的居中对齐按钮,得到的对齐方式是(　　)。

A. 两端对齐　B. 居中　C. 分散对齐　D. 右对齐

22. 在 Word 中,若要对当前文档进行替换文本操作,应使用(　　)菜单中的相应命令。

A. 文件　B. 编辑　C. 工具　D. 插入

23. 在 Word 中,能设置文本行间距的是(　　)菜单中的相应命令。

A. 文件　B. 格式　C. 窗口　D. 工具

24. 在 Word 中,当前正在编辑的文档中的文字全部为宋体字,选定一段文字后,先设定成楷体,再设定成仿宋体,则(　　)。

A. 文档全文都是宋体　B. 被选定的文字为宋体

C. 被选定的文字为仿宋体　D. 文档所有文字字体不变

25. 在 Word 中,无法实现的操作是(　　)。

A. 在页眉中插入日期　B. 在页眉中插入分隔符

C. 为奇偶页设置不同的页眉　D. 在页眉中插入剪贴画

26. 在 Word 中,要调整段落的左、右缩进,用(　　)的方法最为直观、快捷。

A. 格式栏　B. "格式"菜单

C. 拖动水平标尺上的左、右缩进标记　D. 常用工具栏

27. 在 Word 2003 中,要将插入点快速移动到文档开始位置应按(　　)键。

A. Ctrl + Shift　B. End　C. Ctrl + End　D. Ctrl + Home

28. 在 Word 2003 中,选择"文件"菜单中的"另存为"命令,可将当前文档另存为(　　)类型的文件。

A. .txt　B. .htm　C. .rtf　D. 以上都可以

29. 在 Word 2003 中,最少用(　　)次"剪切 + 粘贴"操作,可将不相邻的两段文字互换位置。

A. 1　B. 2　C. 3　D. 4

30. 在 Word 2003 中,在(　　)菜单中可以找到"查找"、"定位"和"替换"命令。

A. 文件　B. 格式　C. 编辑　D. 插入

31. 在 Word 2003 中,如果要进行字体效果的设置,应选择的菜单是(　　)。

A. 文件　B. 格式　C. 工具　D. 窗口

32. 在 Word 2003 中,对于选定的文字不能进行下列(　　)设置。

A. 设置为楷体　B. 设置成二号字　C. 动态效果　D. 自动版式

33. 在 Word 2003 文档中,以下(　　)操作可以使得文档的标题居中。

A. 用 Tab 键来调整　B. 用空格来调整

C. 单击格式工具栏中的居中按钮　D. 用标尺来调整

34. 在 Word 2003 编辑状态下,对于选定的文字(　　)。

A. 可以设置颜色,不可以设置动态效果
B. 不可以设置颜色,可以设置动态效果
C. 既可以设置颜色,也可以设置动态效果
D. 不可以设置颜色,也不可以设置动态效果
35. 在 Word 2003 中,下列关于分栏操作的说法中正确的是( )。
A. 任何视图下均可见到分栏效果 B. 栏间不可以设置分隔线
C. 各栏宽度必须一样 D. 栏宽可以不相等
36. 下列关于 Word 查找操作的说法中,错误的是( )。
A. 可以从插入点位置开始向上查找 B. Word 可以查找带格式的文本
C. 无论什么情况下查找操作都是向上查找 D. Word 可以查找一些特殊的格式符号
37. 在 Word 编辑状态下,绘制图形时,文档应处于( )。
A. 大纲视图 B. 主控文档 C. 页面视图 D. 普通视图
38. 要在 Word 文档中插入声音文件,应选择插入菜单中的( )命令。
A. 对象 B. 图片 C. 图文框 D. 文本框
39. 在 Word 文档中,使用函数( )可以计算表格中某行数值的和。
A. INT( ) B. SUM( ) C. COUNT( ) D. AVERAGE( )
40. 在 Word 文档中,可以见到页眉和页脚的视图方式是( )。
A. 普通视图 B. 大纲视图 C. Web 版式视图 D. 页面视图
41. 在 Word 文档中,下列关于查找操作的叙述中,正确的是( )。
A. 能按字体进行查找 B. 不能区分查找字符的大小写
C. 只能向下查找 D. 不能区分全角和半角字符
42. 下列关于 Word 2003 特点描述中,正确的是( )。
A. 支持图文混排技术,但图形不能随文字的移动而移动
B. 可打开多个文档,并可对这些文档进行复制、移动、删除等操作
C. 只能直接处理本身具有的绘图、制表功能,不能接受其他软件产生的图形软件
D. 对文字进行排版后,要通过打印预览才能看到文档的最终打印效果
43. 在 Word 2003 中,在"插入"菜单下不能完成的操作是( )。
A. 图文框 B. 日期和时间 C. 索引和目录 D. 页眉和页脚
44. 在 Word 2003 中,如果要在一个文档中插入另一个文档的内容,应选择( )。
A. 文件菜单中的"打开"命令 B. 插入菜单中的"文件"命令
C. 插入菜单中的"对象"命令 D. 编辑菜单中的"粘贴"命令
45. 在 Word 2003 中,进行字体设置操作后,按新设置的字体显示的是( )。
A. 文档中的所有文字 B. 插入点所在处的段落的所有文字
C. 文档中被选中的文字 D. 插入点所在行的文字
46. 在 Word 2003 中,可以把中文输入状态切换到 ASCII 字符输入状态的组合键是( )。
A. Alt + Ctrl B. Alt + 空格键 C. Ctrl + 空格键 D. Shift + 空格键
47. 如果想在 Word 2003 的主窗口中显示格式工具栏,应当使用( )菜单。
A. 工具 B. 视图 C. 格式 D. 文件

48. 新建 Word 文件的快捷键是(　　)。

A. Ctrl + O　　B. Ctrl + S　　C. Ctrl + N　　D. Ctrl + V

49. 在 Word 2003 中,选定表格的一列,按 Delete 键,将完成的操作是(　　)。

A. 删除该列单元格中的内容

B. 删除选定的列,表格将少一列

C. 删除该列第一个单元格的内容

D. 删除该列中插入点所在的单元格的内容

50. Word 2003 窗口标题栏中可以同时显示的按钮是(　　)。

A. 还原、最大化和关闭　　B. 还原和最大化

C. 最小化、还原和最大化　　D. 最小化、还原和关闭

51. 在 Word 2003 编辑状态下,对于选定的文字(　　)。

A. 可以移动,不可以复制　　B. 可以复制,不可以移动

C. 移动和复制可以同时进行　　D. 可以进行移动或复制操作

52. 在 Word 文档中,用鼠标将选定的文字从一个位置拖到另一个位置,则完成的是(　　)。

A. 移动操作　　B. 复制操作　　C. 删除操作　　D. 非法操作

53. 在 Word 2003 中,“表格属性”对话框中不可以设置(　　)。

A. 表格浮于文字之上　　B. 单元格文字顶端对齐

C. 单元格中文字居中对齐　　D. 单元格中文字底端对齐

54. 在 Word 2003 中,下面对表格的操作的叙述中,错误的是(　　)。

A. 在表格的单元格中,即可输入文字、数字,也可插入图片

B. 表格的每一行中各单元格的宽度可以不同

C. 表格的每一行中各单元格的高度可以不同

D. 表格的表头单元格可以绘制斜线

55. 在 Word 2003 中,要改变文档中某一段落整个段落的字体,必须(　　)。

A. 把插入点移到该段落段首,再选择格式菜单中的“字体”命令

B. 选定该段落,再选择格式菜单中的“字体”命令

C. 选定该段落,再选择格式菜单中的“段落”命令

D. 选定该段落,然后右击选中区域,在弹出的快捷菜单中选择“段落”命令

56. 在 Word 2003 中,如果当前活动窗口是文档 d1. doc 的窗口,单击该窗口的“最小化”按钮后,(　　)。

A. 不显示 d1. doc 的内容,但 d1. doc 文档没有被关闭

B. d1. doc 文档未被关闭,而且继续显示其内容

C. 关闭了 d1. doc 文档但该窗口未被关闭

D. 该窗口和 d1. doc 文档都被关闭

57. 在 Word 2003 编辑状态下,段落标记是在输入(　　)之后产生的。

A. 句号　　B. Enter 键　　C. 分页符　　D. Shift + Enter 键

58. 在 Word 2003 中,文本框(　　)。

A. 随框内文本内容的增多而增大文本框　　B. 文字环绕方式只有两种

C. 文字环绕方式多于两种　　　　　　D. 不可与文字叠放

59. 在 Word 2003 中,若要绘制一个圆,应先选择椭圆工具,再按住(　　)键,然后拖动鼠标。

A. Delete　　B. Alt　　C. Ctrl　　D. Shift

60. 在 Word 文档中,要给选定的文本添加着重号,应使用"格式"菜单中的(　　)命令。

A. 段落　　B. 字体　　C. 项目符号和编号　D. 边框和底纹

61. 在 Word 2003 中,启动和关闭中文输入法用(　　)。

A. Ctrl + Shift　　B. Ctrl + Alt　　C. Ctrl + Space　　D. Alt + Space

62. 在 Word 2003 中,输入文本时键入的内容出现在(　　)处。

A. 文档的末尾　　B. 鼠标指针　　C. 插入点所在　　D. 文档开头

63. 在 Word 2003 中,"剪切"命令用于删除文本、表格和图形,并将删除的内容放置到(　　)。

A. 文档　　B. 硬盘　　C. 显示器　　D. 剪贴板

64. 在 Word 2003 中,当编辑具有相同格式的多个文档时,可使用(　　)。

A. 模板　　B. 样式　　C. 向导　　D. 联机帮助

65. 在 Word 2003 中,统计文档的字数,需要使用的菜单是(　　)。

A. 文件　　B. 工具　　C. 窗口　　D. 帮助

66. 在 Word 2003 文档中插入图片,图片只能放在文字的(　　)。

A. 左边　　B. 右边　　C. 中间　　D. 以上三种都可以

67. 在 Word 文档中,默认的行间距是(　　)。

A. 单倍行距　　B. 2 倍行距　　C. 1.5 倍行距　　D. 20 磅

68. 在 Word 2003 编辑状态下,要把相邻的两个段落合并为一段,应执行的操作是(　　)。

A. 删除两个段落之间的段落标记

B. 将插入点置于前段末尾,按 Backspace 键

C. 将插入点置于后段开头,按 Delete 键

D. 将插入点置于前段末尾,单击"剪切"按钮

69. 在 Word 2003 中,打开了一个文档,不做任何修改,随后单击标题栏右侧的"关闭"按钮,则(　　)。

A. 仅文档窗口被关闭　　　　B. 文档和 Word 主窗口都被关闭

C. 仅 Word 主窗口被关闭　　D. 文档和 Word 主窗口都未被关闭

70. 在 Word 2003 中,(　　)用于控制文档在屏幕上的显示大小。

A. 全屏显示　　B. 缩放显示　　C. 显示比例　　D. 页面显示

71. 在 Word 2003 文档中设置了页眉和页脚后,页眉和页脚只能在(　　)方式中才能看到。

A. 页面视图　　B. 普通视图　　C. 大纲视图　　D. 阅读版式视图

72. 当一个 Word 窗口被关闭后,被编辑的文件将(　　)

A. 被从内存中删除　　　　B. 被从磁盘中删除

C. 被从内存或磁盘中删除　　D. 不会从内存或磁盘中清除

73. 在 Word 2003 的（　　）视图方式下，可以显示分页效果。

A. 普通　　B. 页面　　C. 大纲　　D. 主控文档

74. 在 Word 2003 的编辑状态下，连续进行了两次"插入"操作，当单击一次"撤消"按钮后，（　　）。

A. 将两次插入的内容全部取消　　B. 将第一次插入的内容取消

C. 将第二次插入的内容取消　　D. 两次插入的内容都不被取消

75. 在 Word 2003 的编辑状态下，利用下列（　　）菜单中的命令可以选定表格中的单元格。

A. 文件　　B. 表格　　C. 插入　　D. 编辑

76. 在 Word 2003 中，若要设置纸张大小，应该（　　）。

A. 在视图菜单中选择"页面"命令　　B. 在视图菜单中选择"显示比例"命令

C. 在插入菜单中选择"对象"命令　　D. 在文件菜单中选择"页面设置"命令

77. 在 Word 2003 中，打开了一个文档，进行"保存"操作以后，该文档（　　）。

A. 被保存在原文件夹下　　B. 保存后文档被关闭

C. 可以保存在新建文件夹下　　D. 可以保存在已有的其他文件夹下

78. 在 Word 2003 编辑状态下，要模拟显示打印效果，应当单击常用工具栏中的（　　）按钮。

A. 打开　　B. 打印　　C. 打印预览　　D. 复制

79. 如果当前插入点在表格中某行的最后一个单元格的外框线上，按 Enter 后，（　　）。

A. 对表格不起作用　　B. 在插入点所在行下增加一行

C. 插入点所在列加宽　　D. 插入点的在行加宽

80. 当打开多个文档时，下列关于保存这些文档的说法中，正确的是（　　）。

A. 只能保存活动文档

B. 用文件菜单中的"保存"命令，可以重命名保存所有文档

C. 用文件菜单中的"保存"命令，可以一次性保存所有打开的文档

D. 用文件菜单中的"全部保存"命令保存所有打开的文档

3.2.2 填空题

1. 启动 Word 后，默认的文档视图方式为________。

2. 在第一次保存新建立的文档时，一定会打开________对话框。

3. 对文档设置密码保护时，可以单击工具菜单中的______命令，在打开的对话框中选择____选项卡进行设置。

4. 文字的格式主要是指________、______和________。

5. Word 文档的扩展名是________，Word 模板文档的扩展名是______。

6. Word 中文档视图主要有________、______、________、________和________五种。

7. Word 中段落的对齐方式有________、______、________、________和__________五种。

8. 在 Word 文档中，当按下一次 Enter 键后将产生一个__________。

9. 在 Word 文档中设置字体格式一般使用________工具栏或______菜单中的______命令。

10. 对 Word 文档进行分栏操作时,必须切换到________视图方式。

11. 当鼠标指针处于文本区左侧的选定区时,________鼠标左键可以选定一个段落。

12. Word 文档中的页边距是指________与________之间的距离。

13. 当 Word 文档处于________时,所输入字符就会覆盖插入点右侧的字符,按______键可以切换为插入模式。

14. Word 文档工作区不停闪烁的短竖线称为________,也叫做________。

15. Word 文档中表格的最大列数为______,最大行数为______。

16. 在按下____键同时单击"文件"菜单,菜单中将增加"全部保存"和"全部关闭"命令。

17. 要了解文档的页数、行数、字数等统计信息,可以选择"工具"菜单中的______命令。

18. 利用绘图工具栏上的"椭圆"工具绘图时,按下______键拖动鼠标,可以绘制出圆。

19. 按组合键________可以退出 Word 2003。

20. 在________视图方式中,可以编辑页眉和页脚的内容。

3.2.3 操作题

1. 启动 Word 2003,创建一个新文档,将下面括号中的内容输入文档,并按以下要求进行操作

(1)给以上文本添加标题"滥用抗生素的危害",设置标题为居中、二号、黑体、加粗、红色。

(2)将正文文本设置为小四仿宋体、蓝色、两端对齐;从"如氨基苷类…"开始另起一个段落。

(3)将正文的第一段的行间距设置为 1.5 倍行距,首行缩进 2 个字符;正文的第二段行距设置为 24 磅,首行缩进 2 个字符,段落左、右各缩进一个字符。

(4)在文档的页脚居中位置插入页码,页码格式中小写罗马数字。

(5)将新文档以文件名"滥用抗生素的危害.doc"保存在 D 盘中。

文件正文:在 20 世纪,联合国世界卫生组织(World Health Organization)意识到,因抗生素及合成抗菌药物的滥用引发了许多严重的危害。如氨基苷类抗生素造成儿童听神经受损,成为引发后天性耳聋的主要原因;儿童使用四环素疗程过长,造成牙釉质发育障碍、抑制骨骼生长;庆大霉素、卡那霉素等长期使用导致肾损害,甚至导致肾功能衰竭;抗生素的长期使用还可导致人体内菌群失调,甚至还能引发造血功能障碍;严重疾病滥用广谱抗生素,使一些耐药菌群在体内迅速繁殖并引发二重感染,成为导致重病患者死亡的直接原因。

2. 创建一个新文档,在文档中输入下面括号中的内容,并按以下要求进行操作

(1)给文档加标题"诸葛亮传",并把标题设置为三号隶书、空心、居中、段前、段后间距为 20 磅。

(2)将正文设置为小四宋体、1.25 倍行距、首行缩进 2 个字符。

(3)将正文第一段中"诸葛亮"三个字设置成首字下沉格式,下沉三行,字体为华文行楷。

(4)将正文第二段分为等宽两栏,加分隔线。

(5)在文本后面分四行分别输入"先主"、"诸葛亮"、"关羽"、"张飞"等人物名字,将这四行文字设置为小三号幼圆,并加项目符号"◆"。

(6)给文档添加页眉"诸葛亮传"和页脚为当前日期。

(7)以“诸葛亮传”为名保存该文档。

文件正文:诸葛亮字孔明,琅邪阳都人也。汉司隶校尉诸葛丰后也。父圭,字君贡,汉末为太山都丞。亮早孤,从父玄为袁术所署豫章太守,玄将亮及亮弟均之官。会汉朝更选朱皓代玄。玄素与荆州牧刘表有旧,往依之。玄卒,亮躬耕陇亩,好为《梁父吟》。身高八尺,每自比于管仲、乐毅,时人莫之许也。惟博陵崔州平、颍川徐庶元直与亮友善,谓为信然。

时先主屯新野。徐庶见先主,先主器之,谓先主曰:“诸葛孔明者,卧龙也,将军岂愿见之乎?”先主曰:“君与俱来。”庶曰:“此人可就见,不可屈致也。将军宜枉驾顾之。”由是先主遂诣亮,凡三往,乃见……于是与亮情好日密。关羽、张飞等不悦,先主解之曰:“孤之有孔明,犹鱼之有水也。愿诸君勿复言。”羽、飞乃止。

3. 创建一个新文档,在文档输入以下表格及内容,并按要求进行以下操作:

学号	姓名	解剖	数学	英语	总分
1	刘 江	82	94	88	
2	李芳	88	90	95	
3	白梅	78	87	88	
	平均分				

(1)使用公式计算表中的总分和各门课的平均分,并按总分降序排序。

(2)将表中数据设置为四号黑体,水平和垂直方向均为居中对齐、表格居中。

(3)将表格各列宽度设为2厘米,并设置外边框为2.5磅,表内线为1磅。

(4)在文档中插入一张剪贴画,剪贴画内容自选。

(5)在文档中插入一张图片(从文件),并设置图片高度为6厘米,环绕方式为四周型,居中对齐。

(6)以文件名“学生成绩单”保存该文档。

参考答案

一、选择题

1. B　2. C　3. A　4. C　5. A　6. D　7. B　8. C　9. A　10. D
11. C　12. B　13. D　14. B　15. C　16. A　17. D　18. B　19. D　20. A
21. C　22. B　23. B　24. C　25. B　26. C　27. D　28. D　29. B　30. C
31. B　32. D　33. C　34. C　35. D　36. C　37. C　38. A　39. B　40. D
41. A　42. B　43. D　44. B　45. C　46. C　47. B　48. C　49. A　50. D
51. D　52. A　53. A　54. C　55. B　56. A　57. B　58. C　59. D　60. B
61. C　62. C　63. D　64. A　65. B　66. D　67. A　68. A　69. B　70. C
71. A　72. A　73. B　74. C　75. B　76. D　77. A　78. C　79. B　80. D

二、填空题

1. 页面
2. 另存为
3. 选项　安全性

4. 字体　字形　字号
5. .doc　.dot
6. 普通视图　Web 版式视图　页面视图　大纲视图　阅读版式视图
7. 左对齐　居中　右对齐　两端对齐　分散对齐
8. 段落标记
9. 格式工具　格式　字体
10. 页面
11. 双击
12. 正文　纸张边界
13. 改写模式　Insert
14. 插入点　光标
15. 63　32767
16. Shift
17. 字数统计
18. Shift
19. Alt + F4
20. 页面

三、操作题(略)

第 4 章　Excel 2003 电子表格软件

4.1　重点、难点提示

4.1.1　Excel 2003 概述

重点 1　Excel 2003 的启动和退出

1. 启动

单击“开始”/“程序”/“Microsoft Office”/“Microsoft Office Excel 2003”；若桌面上有 Excel 快捷方式图标，双击它也可启动；双击 Excel 文档也可启动。

2. 退出

可选择“文件”菜单中的“退出”命令；单击标题栏右方的“关闭”按钮；按快捷键“Alt + F4”。

重点 2　Excel 2003 窗口组成

如图 4 - 1 所示，Excel 2003 窗口由标题栏、菜单栏、工具栏、编辑栏等组成。

标题栏：位于窗口顶部，从左到右依次是“控制菜单”图标，当前工作簿名和 Microsoft Excel 程序名，最小化、最大化（向下还原）、关闭按钮。拖动标题栏可以移动 Excel 窗口，双击标题栏可以放大窗口或恢复窗口原来大小和位置。

菜单栏：位于标题栏下方，包含 9 个菜单项，使用菜单项中的命令可完成 Excel 的各种操作。

工具栏：由工具按钮组成，对应常用的命令，使用工具按钮可快捷、准确地完成操作。常用的工具栏有“常用工具栏”、“格式工具栏”，用户可在“视图”菜单“工具栏”命令中选择所需的工具栏。

编辑栏：用于输入编辑当前单元格值或公式，左侧为名称框，显示当前单元格的地址，右侧为编辑栏，用于对数据的输入和编辑。

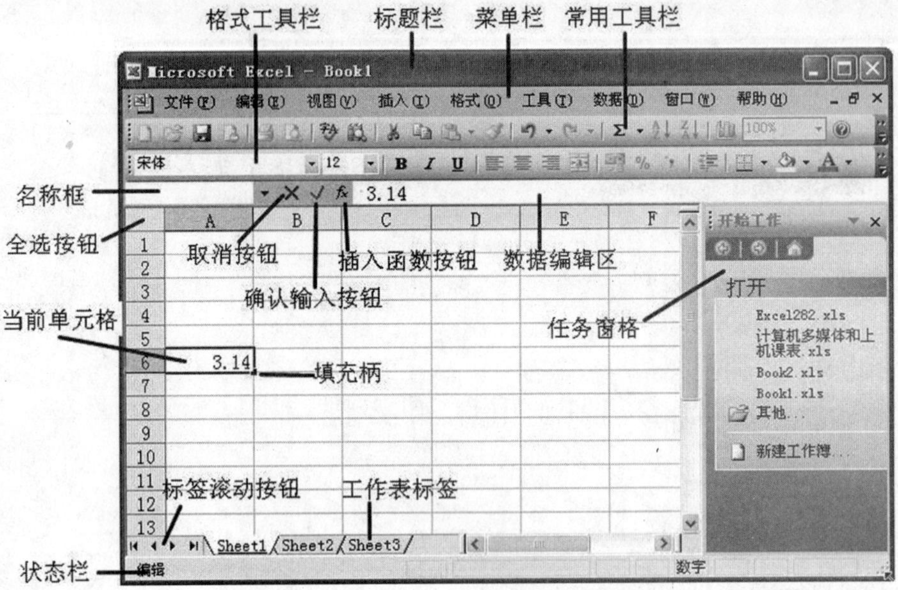

图 4 - 1　Excel 2003 窗口组成

重点 3　Excel 2003 基本概念

1. 工作簿

Excel 文件(扩展名为. xls)称为工作簿,其中可以包含一张或多张工作表。

一个新工作簿默认有三张工作表,工作表标签上分别命名为 sheet1、sheet2、sheet3。一个工作簿最多可含有 255 个工作表。

2. 工作表

工作表是一个表格,由包含数据的行和列组成。单击某工作表标签,可使得该工作表成为当前工作表,对该工作表进行编辑。

3. 单元格(难点)

在工作表中,行和列的交汇处称为单元格,单元格用来保存数据。工作表区的上方一行是纵向列标识称为列号行,取值范围为"A,B,…Z,AA,AB,…,IV"共 256 列,工作表区的左侧是横向行标识称为行号列,取值范围为"1,2,…,65536",共 65536 行。单元格的地址或名称由单元格所在的列号和行号组成。例如单元格 A3、B6、CB18 等,分别表示"A 列第 3 行"、"B 列第 6 行"和"CB 列第 18 行"位置上的单元格。

在工作表中用鼠标单击某一单元格,其边框线变为粗黑线,此时该单元格称为当前单元格或活动单元格,其地址显示在名称框中,其内容显示在数据编辑区内。

单元格区域是指两个或两个以上的单元格的集合,区域中的单元格可以相邻也可以不相邻。如果单元格区域刚好组成一个矩形,则此区域名称可用左上角单元格和右下角单元格地址中间加":"表示。如"A1:D5"表示从 A1 单元格到 D5 单元格之间的矩形区域,如图 4 - 2所示。用户也可以给单元格区域命名,命名时先选定单元格区域所包含的所有单元格,然后在名称框内输入区域名称并按 Enter 键即可。

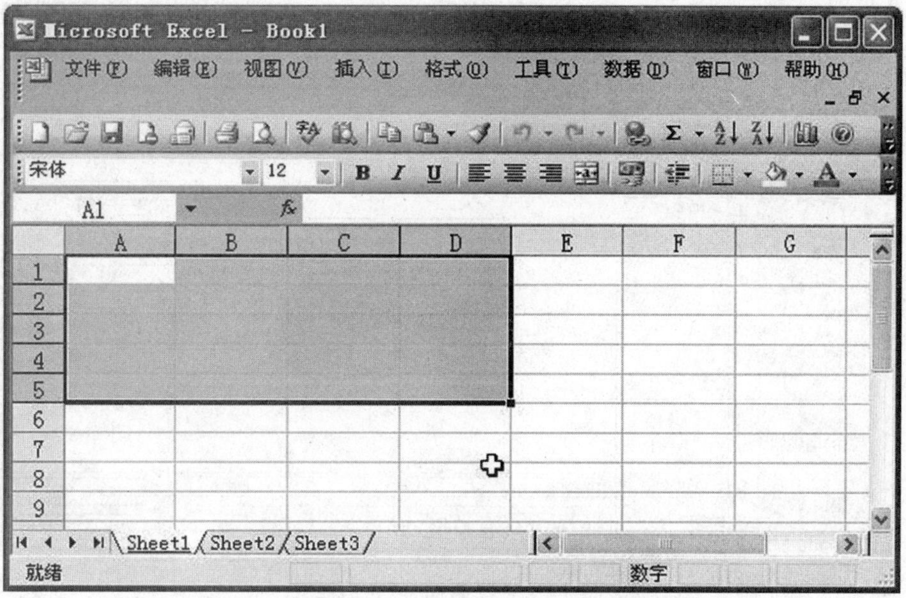

图4-2　单元格区域"A1:D5"

4.1.2　工作薄、工作表和单元格的基本操作与编辑

重点1　工作薄的基本操作

1.新建工作薄

方法一:启动Excel 2003程序即自动创建一个新工作薄。

方法二:单击"文件"菜单中的"新建"命令,在打开的任务窗格中单击"空白工作簿"选项。

方法三:单击常用工具栏中的"新建"按钮。

方法四:快捷键Ctrl+N。

2.保存工作簿(难点)

方法一:单击"文件"菜单中的"保存"命令。

方法二:"常用"工具栏"保存"按钮。

方法三:快捷键Ctrl+S。

如果是第一次保存工作簿,使用以上三种方法都会出现如图4-3所示的"另存为"对话框,用户可在该对话框中指定文件名和保存位置再单击"保存"按钮。如果不是第一次保存,则不出现"另存为"对话框,而是保存在原来位置上的原文件中。

方法四:单击"文件"菜单中的"另存为"命令,打开"另存为"对话框,用户要在此对话框中选择保存位置和文件名后再单击"保存"按钮即可。此方法用于更改工作簿的名称或保存位置。

Excel 2003可以定时自动保存正在编辑的文档内容。单击"工具"菜单中的"选项"命令,在打开的"选项"对话框中选择"保存"选项卡,如图4-4所示,在此选项卡中可以设置自动保存的间隔时间。

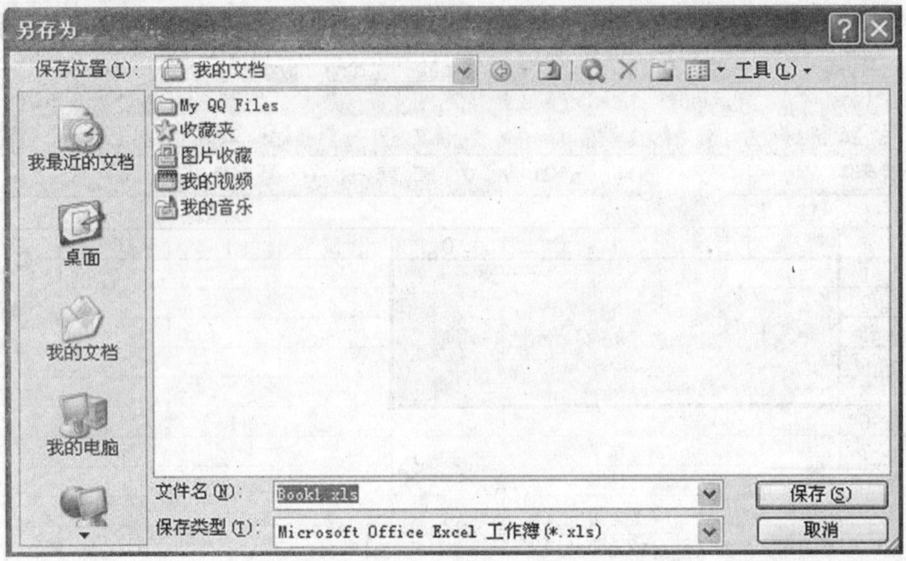

图 4－3 “另存为”对话框

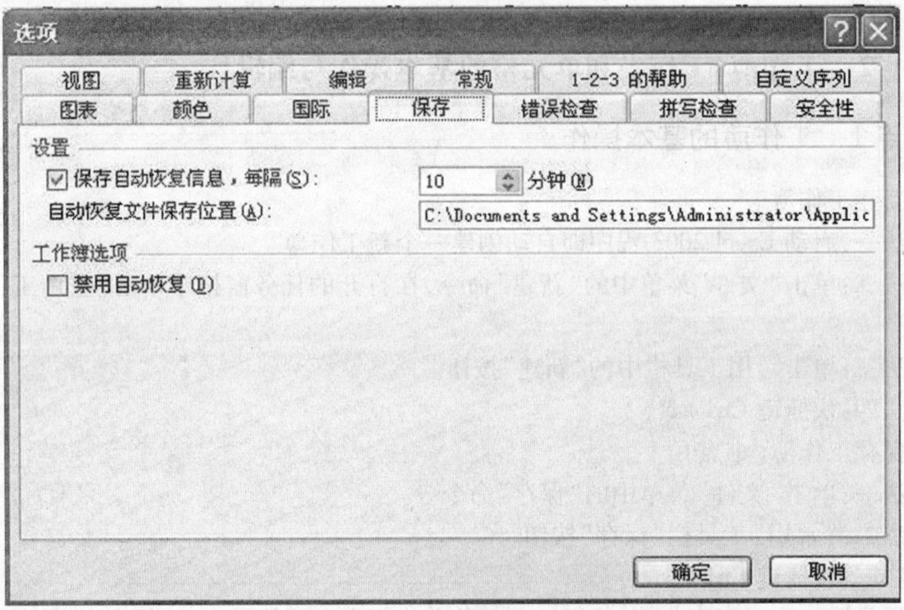

图 4－4 “选项”对话框中的“保存”选项卡

3. 打开工作簿

对现有的工作簿必须打开才能进行编辑，打开工作簿的步骤如下：

(1)单击“文件”菜单中的“打开”命令，或单击“常用”工具栏中的“打开”按钮，打开“打开”对话框。

(2)在“查找范围”列表框中选择要打开的 Excel 文件所在的文件夹，在“文件夹内容”列表框中选择要打开的 Excel 文件。

(3)单击“打开”按钮。

4. 关闭工作簿

可用以下方法关闭当前工作薄而不退出 Excel:

方法一:单击“文件”菜单中的“关闭”命令。

方法二:单击菜单栏右侧的工作薄窗口“关闭”按钮。

重点 2　工作表的基本操作和数据编辑

1.工作表基本操作

(1)选定工作表:

工作表在编辑前必须选定它,使其成为当前工作表。

①选定一个工作表:单击某工作表标签,则选定该工作表成为当前工作表。

②选定多个相邻的工作表:单击第一个目标工作表标签,按住 Shift 键同时单击最后一个目标工作表标签,此时选定的多个工作表标签均以白底下划线显示,标题栏出现“[工作组]”显示。

③选定多个不相邻的工作表:按住 Ctrl 键并逐个单击每一个要选定的工作表标签。

④选定全部工作表:右击工作表标签,在弹出的快捷菜单中,选择“选定全部工作表”命令。

(2)重命名工作表(难点):

工作表默认的名称为 Sheet1、Sheet2、Sheet3,用户可以根据工作表的具体内容进行重新命名。

方法一:选定要重命名的工作表,选择“格式”菜单“工作表”命令下的“重命名”命令,输入工作表的新名字,再单击工作表标签以外任意处或按 Enter 键确认。

方法二:双击要重命名的工作表标签,使其呈反白显示,输入新名称再确认。

方法三:右击要重命名的工作表标签,在快捷菜单中选择“重命名”命令,输入新名称再确认。

(3)移动和复制工作表(难点):

移动和复制工作表的操作方法如下:

1)在同一工作簿中移动或复制工作表:

方法一:将鼠标指向要移动的工作表标签,拖动标签(要复制则按住 Ctrl 键)到指定目标位置。

方法二:选定要移动(或复制)的工作表,选择“编辑”菜单中的“移动或复制工作表”命令,打开如图 4-5 所示的“移动或复制工作表”对话框,在“下列选定工作表之前”列表框中选择插入位置(若选择“建立副本”复选框则为复制,否则为移动),单击“确定”按钮。

图 4-5　“移动或复制工作表”对话框

2)在不同的工作簿中移动或复制工作表:

①同时打开源工作簿和目标工作簿,选定源工作簿中需要移动的工作表。

②单击“编辑”菜单中的“移动或复制工作表”命令,打开如图 4-5 所示的“移动或复制工作表”对话框。

③在“工作簿”下拉列表框中选择目标工作簿,在“下列选定工作表之前”列表框中选择

插入位置，如果是复制工作表，就需要选择“建立副本”复选框。

④单击“确定”按钮。

(4)插入新工作表：

当工作表不够用时，可根据需要增加新的工作表。

方法一：选定工作表，单击“插入”菜单中的“工作表”命令。

方法二：右击选定的工作表标签，在快捷菜单选择“插入”命令，在弹出的“插入”对话框中选择“常用”选项卡中的“工作表”，再单击“确定”按钮。

插入的工作表数目与选定的工作表数目相同，新插入的工作表将出现在选定的工作表之前。

(5)删除工作表：

方法一：选定要删除的工作表，单击“编辑”菜单中的“删除工作表”命令。

方法二：右击要删除的工作表标签，在快捷菜单选择“删除”命令。

2. 数据编辑

工作表中的数据可分为文本型、数值型、逻辑型三种类型，在单元格中可输入文本、数值、公式、日期、时间等多种数据。当输入的数据长度超过单元格宽度时，若右侧单元格内容为空，则超宽的部分一直延伸到右侧单元格；若右侧单元格有内容，则超宽的部分隐藏，可将此单元格增加列宽或换行后，显示单元格全部内容。

(1)输入文本型数据：在当前单元格内输入数据，可包括字母、汉字、数字、符号等，文本型数据默认为左对齐。

有些数值如邮编、身份证号码、电话号码等不需要参与计算的，为了与可计算的数值区分，可在英文输入状态下，先输入单撇号“'”，然后再输入数字文本，如输入邮编“'330006”，显示为 330006；也可选定含有数值的单元格，在“格式”菜单中选择“单元格”命令，在“单元格格式”对话框的“数字”选项卡中选择“文本”选项。

(2)输入数值数据：输入数值包括0,1,…9和正负号(+,-)、小数点(.)、百分号(%)、括号(())、逗号(,)、E、e、¥、$等数值符号，数值型数据在单元格中默认为右对齐。在输入分数时，先输入“0”及一个空格，再输入分数。输入负数时可以使用负号(即减号)，也可以使用括号，如(12)。

(3)输入日期和时间：输入日期时可以用反斜杠“/”或减号“-”将年、月、日隔开，例如2011年3月14日可输入11/3/14、2011/3/14、2011-3-14。

输入时间时用冒号“:”将时、分、秒隔开，例如14时30分25秒可输入“14:30:25”。如果要输入当前时间可用快捷键“Ctrl + Shift + ;”，如果要输入当前日期可用快捷键“Ctrl + ;”。

改变日期与时间格式可选择“格式”菜单“单元格”命令，在“单元格格式”对话框的“数字”选项卡中选择“日期”或“时间”的样式，如图4-6所示。

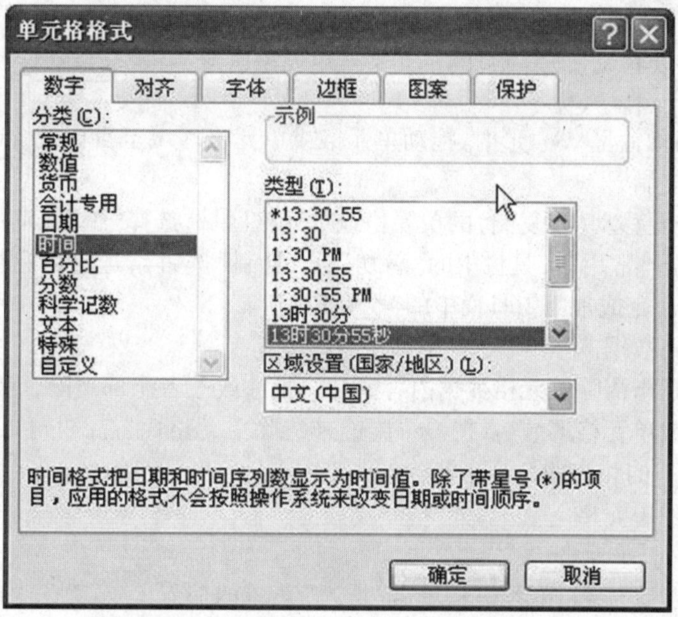

图 4-6　“单元格格式”对话框“时间”选项卡

重点 3　单元格的基本操作(难点)

1. 选定单元格

选定单元格后才能对单元格进行编辑或设置格式。选定一个单元格的只要单击该单元格即可。如果要选定多个单元格，可以使用以下方法：

(1) 选定行(或列)：如果要选定一行或一列，只要单击行(或列)号，即选中该行(列)。

若要选定相邻的多行(或多列)，先单击目标区域内的首行(或首列)号，再按下 Shift 键，单击目标区域内的末行(或末列)号；或将鼠标指针指向这些行(或列)的首行(或列)号，按住左键拖动到末行(或列)号。

若要选定不相邻的多行(或列)，在按下 Ctrl 键的同时依次单击要选定的行(或列)号。

(2) 选定矩形区域(以选择单元格区域 A3:E7 为例)：

方法一：鼠标指针指向 A3 单元格，按住左键拖动到 E7 单元格。

方法二：单击 A3 单元格，按住 Shift 键不动单击 E7 单元格。

方法三：在名称框内输入单元格区域名称“A3:E7”后，再按 Enter 键。如果是要选定已命名的单元格区域，可以先在名称框内输入该区域名称，再按 Enter 键。

方法四：单击“编辑”菜单中的“定位”命令，在打开的“定位”对话框中的“引用位置”文本框中输入单元格区域名称 A3:E7，再单击“确定”按钮。

若要选定不相邻的多个单元格，可按下 Ctrl 键同时逐个选择单元格或区域。也可以用方法四，在“引用位置”文本框中输入组成区域的各单元格地址或区域名称，单元格地址或区域地址之间用逗号“,”隔开。

(3) 选定整个表格：单击“全选”按钮(行号列和列号行的交叉处)或按“Ctrl + A”键即可选定整个工作表。

2. 移动和复制单元格数据

移动或复制单元格的方法如下：

方法一：选定要移动（或复制）的单元格或单元格区域，将鼠标指针移动到单元格或单元格区域边框上，当指针呈  形时，拖动单元格或单元格区域至目标位置（若按下 Ctrl 键不动再拖动结果为复制）。

方法二：选定要移动（或复制）的单元格或单元格区域，选择“编辑”菜单中“剪切”（或复制）命令（也可单击“常用”工具栏中的“剪切”或“复制”按钮），选定目标位置，单击“编辑”菜单中的“粘贴”命令或常用工具栏中的“粘贴”按钮。

3. 清除单元格数据

清除单元格是指清除单元格数据内容、格式、批注或三者全部清除，而不删除该单元格。可在选定单元格或单元格区域后，按 Delete 键来清除单元格内容。也可以单击“编辑”菜单中的“清除”命令下的相应的命令来清除。

4. 插入与删除单元格

（1）插入行、列、单元格：

方法一：选定行（或列、单元格），单击“插入”菜单的“行”（或“列”、“单元格”）命令，将在该行（列、单元格）之前插入行（或列、单元格）。

方法二：右击选定的行（列、单元格），在快捷菜单中选择“插入”命令，在打开的“插入”对话框中根据需要选择相应的选项，再单击“确定”按钮即可。

插入的行（列、单元格）数与选定的行（列、单元格）数相同。

（2）删除行、列、单元格：

方法一：选定要删除的行（列、单元格），选择“编辑”菜单的“删除”命令。

方法二：右击选定要删除的行（列、单元格），在快捷菜单中选择“删除”命令。

4.1.3　自动填充、公式和函数使用

重点 1　自动填充（难点）

在当前单元格边框右下角有一小黑色小方块，称为填充柄。当在某些单元格内要输入相同或按规律变化的数据时，可以使用填充柄的自动填充功能实现快速输入。

1. 填充相同数据

选定当前单元格，将鼠标指针指向填充柄，当指针呈 **+** 形状时，按住左键拖动鼠标到指定的单元格，鼠标经过的单元格都被填充与该单元格相同的数据。若要填充相同的时间和日期，可按住 Ctrl 键并拖动当前单元格的填充柄到目标位置。

2. 填充已有的序列数据

在单元格 A3 中输入“星期一”，拖动填充柄向下直至 A9，松开左键，填充结果为从 A3 至 A9 依次为“星期一”，“星期二”，“星期三”…“星期日”。由于序列“星期一”，“星期二”，“星期三”…“星期日”已预先定义好并保存在 Excel 中，所以使用填充柄填充时会自动填充此序列。如果要填充的单元格个数超过序列中对象个数，则自动从头开始重复填充。

在 Excel 中已定义的填充序列如图 4－7 所示，有：

Sun，Mon，Tue，Wed，Thu，Fri，Sat

一月，二月，三月…十二月

甲,乙,丙…癸等

用户也可以自定义填充序列,操作步骤如下:

(1)单击“工具”菜单“选项”命令,打开“选项”对话框,选择“自定义序列”选项卡,如图4-7所示。

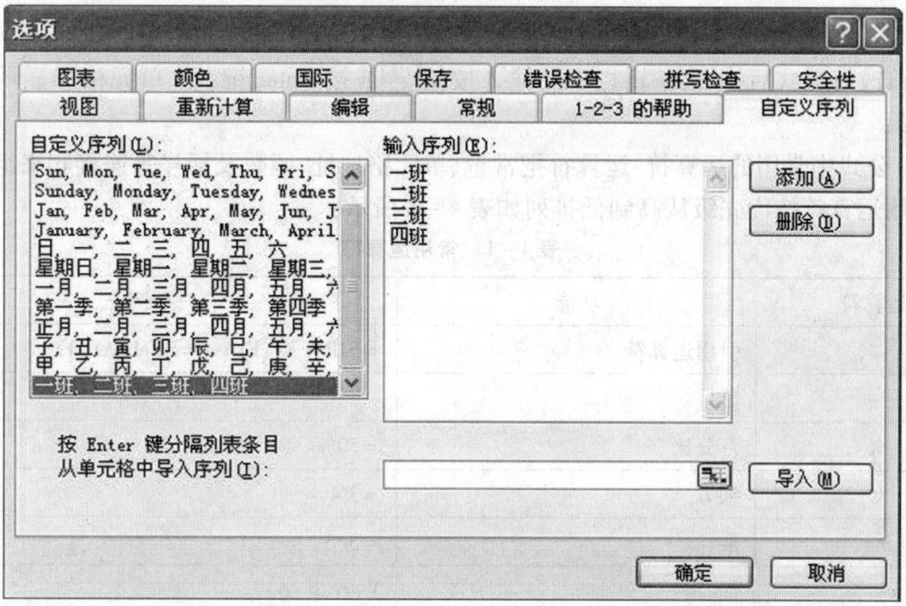

图4-7 “选项”对话框中“自定义序列”选项卡

(2)在“输入序列”文本框中输入新的序列,如一班、二班、三班、四班。

(3)单击“添加”按钮,此时新定义的序列出现在“自定义序列”列表框中。

(4)单击“确定”按钮,就定义了一个新的序列。

3. 填充序列

用来输入等差序列、等比序列、日期等有规律的数据。例如在单元格区域A1:F1中填充等差序列1、3、5、7、9、11,操作方法如下:

(1)在A1单元格输入起始值1。

(2)选定要填充序列的区域,本例为A1:F1。

(3)单击“编辑”菜单“填充”命令下的“序列”选项,出现“序列”对话框。

(4)在“序列产生在”项目下选择“行”,“类型”选择“等差序列”,在“步长值”文本框内输入“2”。

(5)单击“确定”按钮即可。

重点2 公式和函数(难点)

1. 公式

(1)公式的形式和输入:公式以等号“=”开始,后面跟表达式。表达式由运算符、常量、单元格地址、函数及括号等组成。公式输入完成后计算结果出现在单元格内,公式出现在编辑栏。例如:“=A1+B1+C1”、“=SUM(A1:F1)”都是正确的公式,而“A1+B1+C1”则不是公式。

下面以在 D2 单元格中输入公式“ = A2 + B2”为例，来说明输入公式的方法：

①单击 D2 单元格，使该单元格成为当前单元格。

②在 D2 单元格中输入“ = A2 + B2”，此时该单元格和编辑栏中同时显示输入的公式。

③如果发现输入的公式有错，可用鼠标单击单元格或编辑栏公式中发生错误的地方，进行修改。

④修改好公式后，单击编辑栏中的输入按钮✓或按 Enter 键，D2 单元格即显示该公式计算结果。

(2)公式中常用的运算符：运算符把常量、单元格地址、函数及括号等连接起来组成表达式。常用运算符按优先级从高到低排列如表 4 – 1 所示：

表 4 – 1　常用运算符

运算符	功能	举例
;、,	引用运算符	= SUM(A1 : F1) 、= SUM(A1 ,3)
–	负号	–7
%	百分比	= 50%
^	乘方	= 3^4
* 、/	乘、除	= 3/6
+、–	加、减	3 + 6、3 – 6
&	文本联结符	= “A”&“B”
=、< > >、> = <、< =	等于，不等于 大于，大于等于 小于，小于等于	3 = 6、3 < >6 3 >6、3 > = 6 3 <6、3 < = 6

(3)公式的移动和复制：

1)移动公式的方法和移动单元格数据的方法是一样的，公式的内容在移动后不发生变化。

2)在实际工作中为了提高工作效率，经常需要复制公式。例如在图 4 – 8 所示的例子中，在求总分时，可以在 H3 至 H12 单元格中分别输入公式“ = C3 + D3 + E3 + F3 + G3”，“ = C4 + D4 + E4 + F4 + G4” …“ = C12 + D12 + E12 + F12 + G12”等，这样操作十分麻烦，实际上这些公式的结构和形式相同，只是公式中使用的单元格行号有变化，在这种情况下，我们应采用公式复制的方法。以图 4 – 8 所示的为学生成绩表求总分为例，复制公式的步骤如下：

①单击 H3 单元格，在该单元格中输入公式“ = C3 + D3 + E3 + F3 + G3”。

②将鼠标指向 H3 单元格的填充柄，当鼠标指针变成实心的“+”字形时，按住左键拖动鼠标到 H4 单元格。单击 H4 单元格，此时 H4 单元格显示总分 395，编辑栏显示公式“ = C4 + D4 + E4 + F4 + G4”，正是先前要输入的公式。

③如果要把公式复制到 H4 至 H12 所有的单元格中，只要在第②步中将鼠标一直拖动到 H12 即可。

注意：复制公式也可以使用前面介绍的“复制单元格数据”方法进行操作。

3)单元格地址的形式。单元格地址形式包括相对地址、绝对地址和混合地址三种。

①相对地址:单元格地址的原始形式称为相对地址。如 A1,B2,D7 等都是相对地址。

②绝对地址:在单元格地址的列号和行号前都加上 $ 符号的地址称为绝对地址。如 $A$1,$B$2,$K$34 等都是绝对地址。

③混合地址:在单元格地址的列号和行号之一前加上 $ 的地址称为混合地址。如 A$1(列相对,行固定为 1),$B3(列固定为 B,行相对),K$34(列相对,行固定为 34)等都是混合地址。

4)单元格引用:

①相对引用:是指在公式或函数中使用了单元格相对地址。如公式"=B1+B2"就是相对引用。含有相对引用的公式被复制到其他单元格后,公式中被引用的单元格地址根据公式所在的源单元格和目标单元格的列号和行号的相对变化而产生相同的变化。例如在 C2 单元格中输入公式"=B1+B2",把 C2 单元格中的公式复制到 G6 单元格,因为从 C2 单元格到 G6 单元格列号增加了 4,行号增加了 3,所以 G6 单元格公式中被引用的单元格的列号也加 4,由 B 变成了 F,其行号也分别增加 3 而变成 4、5,这样 G6 单元格中的公式变成了"=F4+F5"。这种变化是由 Excel 程序自动完成的。

②绝对引用:是指在公式或函数中使用了单元格绝对地址。如公式"=$B$1+$B$2"就是绝对引用。在复制公式时,公式中绝对引用的单元格地址行、列号都被锁定而不发生改变。例如在 C2 单元格中输入公式"=$B$1+$B$2"并把 C2 单元格的公式复制到 E5,则 E5 单元格的公式仍是"=$B$1+$B$2",即 C2 和 E5 两个单元格中的数值都是 B1、B2 两个单元格中的数值的和。

③混合引用:是指在公式中使用了混合地址。如公式"=A$1+B1"即为混合引用。含有混合引用的公式在复制后行号和列号中被锁定的部分不变,未锁定的部分发生变化,变化规律与相对引用相同。

在编辑公式时可在编辑栏或单元格中选定公式,按下 F4 键,可以改变单元格地址的引用方式。

2. 函数

(1)函数的格式:

函数名(参数 1,参数 2,…):函数的结构以函数名开始,后面紧跟括号,括号内各参数以逗号分隔。如果一个函数没有参数,也必须加上括号。参数可以使用单元格地址、单元格区域或区域名称、逻辑值、逻辑表达式、函数、字符串等。

(2)常用函数:

①求和函数:SUM( )

功能:求给定参数的和。

格式:"=SUM(A1,A2,…)"

工具栏中 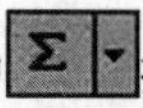 按钮可为用户提供自动求和的功能。

②求平均值函数:AVERAGE( )

功能:求给定参数的平均值。

格式:"=AVERAGE(A1,A2,…)"

③求最大值函数:MAX( )

功能:求给定参数中的最大值。

格式:“ = MAX(A1,A2,…)”

④求最小值函数:MIN( )

功能:求给定参数中的最小值。

格式:“ = MIN(A1,A2,…)”

⑤计数函数:COUNT( )

功能:求给定参数中数值型数据的个数。

格式:“ = COUNT(A1,A2,…)”

(3)输入函数:

下面以图 4 - 8 中求学生成绩表中的总分为例,说明如何输入函数。步骤如下:

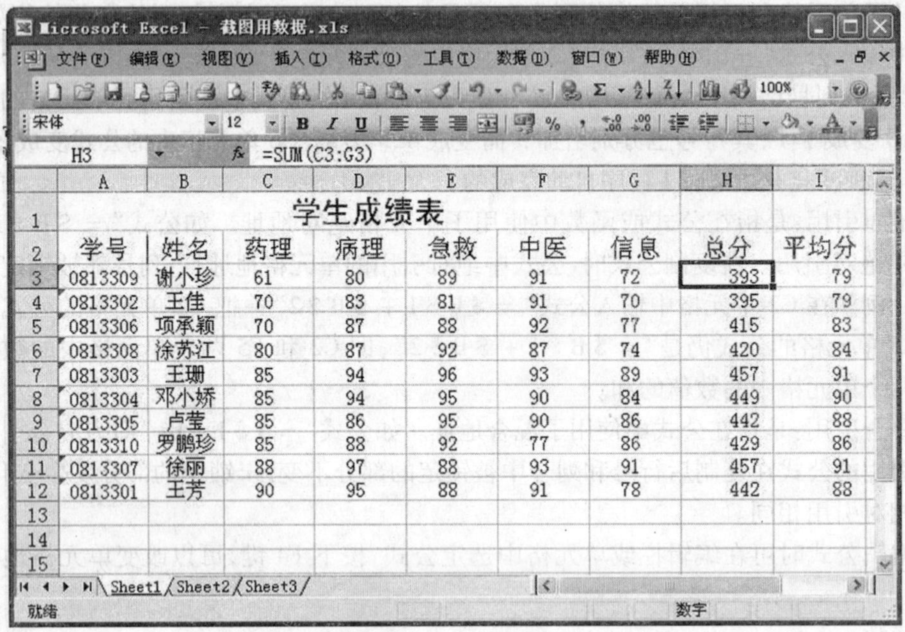

	A	B	C	D	E	F	G	H	I
1	学生成绩表								
2	学号	姓名	药理	病理	急救	中医	信息	总分	平均分
3	0813309	谢小珍	61	80	89	91	72	393	79
4	0813302	王佳	70	83	81	91	70	395	79
5	0813306	项承颖	70	87	88	92	77	415	83
6	0813308	涂苏江	80	87	92	87	74	420	84
7	0813303	王珊	85	94	96	93	89	457	91
8	0813304	邓小娇	85	94	95	90	84	449	90
9	0813305	卢莹	85	86	95	90	86	442	88
10	0813310	罗鹏珍	85	88	92	77	86	429	86
11	0813307	徐丽	88	97	88	93	91	457	91
12	0813301	王芳	90	95	88	91	78	442	88
13									
14									
15									

图 4 - 8　学生成绩表

①单击存放结果的 H3 单元格。

②单击编辑栏中的“插入函数” 按钮,或单击“插入”菜单中的“函数”命令,打开如图 4 - 9 所示的“插入函数”对话框。

③在“插入函数”对话框的“选择函数列表框”中选择求和函数“SUM”,单击“确定”按钮,此时在编辑栏和 H3 单元格中出现所选择的函数,并打开如图 4 - 10 所示的“函数参数”对话框。

④单击“函数参数”对话框“Number1”右侧的折叠按钮,将对话框折叠,如图 4 - 11 所示。在工作表中选择单元格区域 C3:G3,单击图 4 - 11 右侧的“展开”按钮,恢复图 4 - 10 所示的对话框。

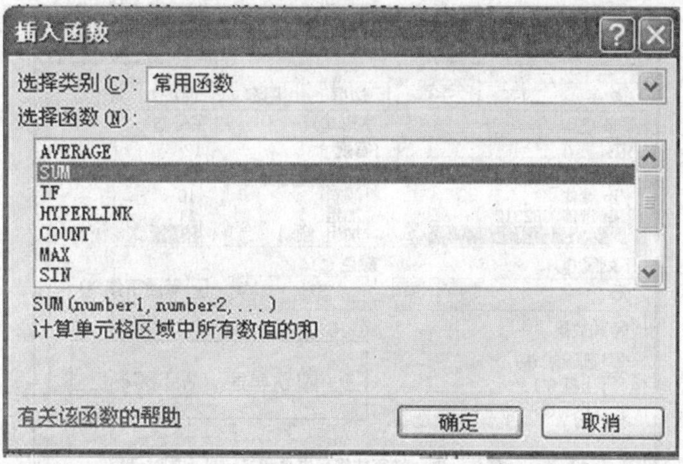

图 4－9　“插入函数”对话框

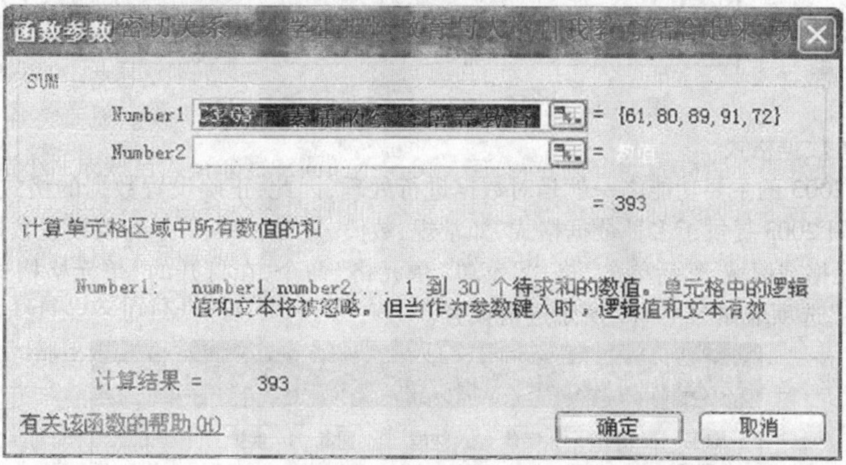

图 4－10　“函数参数”对话框

图 4－11　折叠后的“函数参数”对话框

⑤单击“确定”按钮。在单元格 H3 中即显示计算结果 393，编辑栏中显示公式。

⑥将 H3 单元格中的公式复制到 H4 至 H12 各单元格中，即完成计算总分操作。

4.1.4　工作表格式设置、页面设置和打印

重点 1　工作表格式设置(难点)

1. 设置字体格式

Excel 2003 默认的字体为宋体，字号为 12 磅。若要重新设置字体格式，可先选定单元格或单元格区域，然后单击“格式”菜单“单元格”命令，在打开的“单元格格式”对话框中选择“字体”选项卡如图 4－12 所示进行设置。

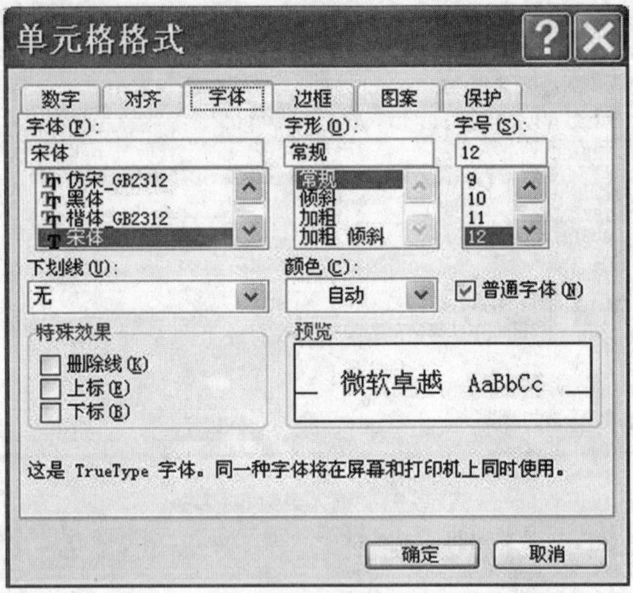

图 4 – 12 “单元格格式”对话框“字体”选项卡

2. 设置数据格式

Excel 2003 的主要功能之一就是对数据进行处理，因此，正确设置数据的格式是非常重要的。Excel 2003 提供了多种数据格式，如常规、数值、货币、日期等。若要设置数据格式，可先选定单元格或区域，然后单击“格式”菜单“单元格”命令，在打开的“单元格格式”对话框选择“数字”选项卡如图 4 – 13 所示进行设置。

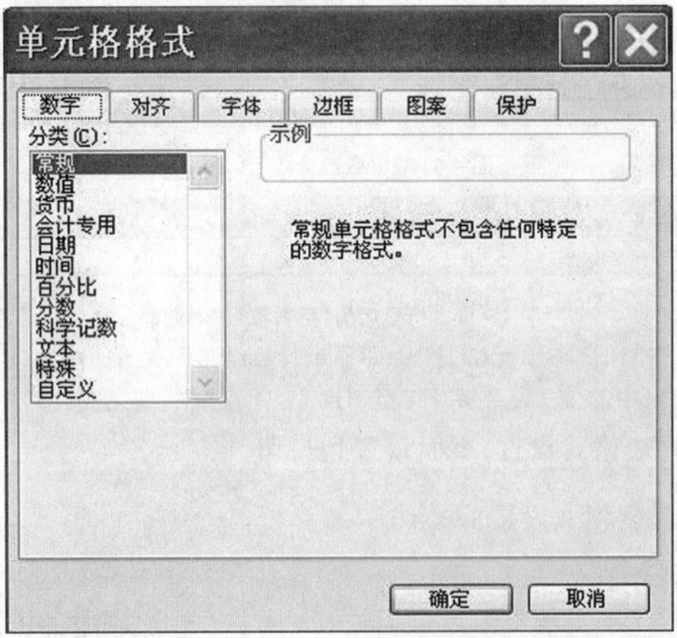

图 4 – 13 “单元格格式”对话框“数字”选项卡

3. 设置数据对齐

在 Excel 中，默认情况下，单元格中文本型数据靠左对齐，数值型数据靠右对齐。如果要改变数据在单元格中的对齐方式,可在选定单元格或单元格区域后,单击“格式”菜单中的“单元格”命令,在打开的“单元格格式”对话框中选择“对齐”选项卡如图 4－14 所示进行设置。也可以直接单击“格式”工具栏上的对齐按钮来设置。

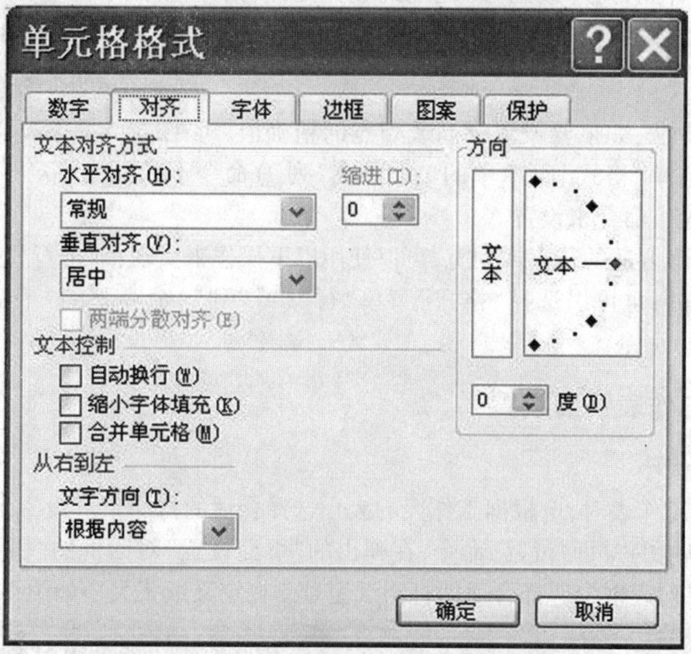

图 4－14　“单元格格式”对话框“对齐”选项卡

4. 设置单元格边框和填充色

(1)设置边框。在默认情况下,工作表中的表格边框线是灰色的,不能被打印出来。如果需要打印出表格边框线或者想美化表格,就要为表格设置边框线。设置边框线的操作如下:

①选定要添加边框线的单元格区域。

②单击“格式”工具栏中的“边框”按钮右侧的下拉按钮,弹出如图 4－15 所示的“边框”工具栏。

图 4－15　“边框”工具栏

③在“边框”工具栏中单击所需的边框样式,即可给选定的单元格区域添加边框线。

在选定单元格区域后,单击“格式”菜单中的“单元格”命令,在打开的“单元格格式”对话框中的“边框”选项卡,也可以设置单元格边框。

(2)设置填充色。设置底纹的操作步骤如下:

①选定要设置底纹的单元格区域。

②单击“格式”工具栏中的“填充颜色”按钮右侧的下拉按钮,弹出如图 4－16 所示的“填充颜色”工具栏。

③在“填充颜色”工具栏中单击一种颜色即可。

也可以在“单元格格式”对话框的“图案”选项卡中设置单元格的填充色或填充图案。

5. 设置行高和列宽

工作表默认的行高为14.25磅,列宽为8.38个字符。用户可根据实际需要来设置行高和列宽。

(1)鼠标拖动法:选定需改变行高的行(或需要改变列宽的列),移动鼠标指针到行号(或列号)之间的交界处,当鼠标指针变成双向箭头或时,拖动鼠标指针到所需的高度(或宽度)后松开即可。

(2)菜单命令法:如果要设置行高或列宽的精确值,可在选定行或列之后,选择“格式”菜单中的“行”(或“列”)命令下的“行高”(或“列宽”)命令来设置。

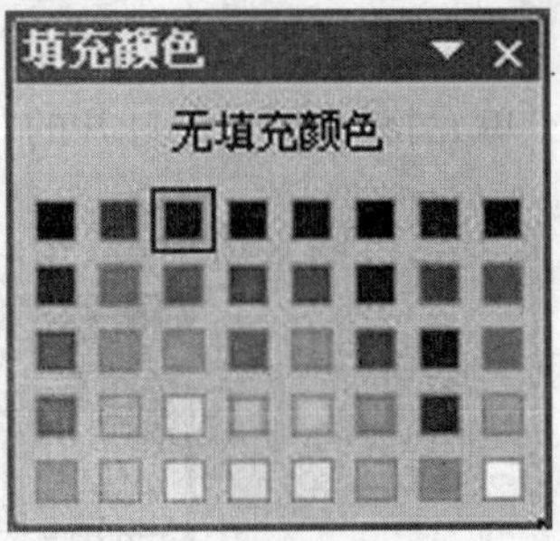

图4-16 “填充颜色”工具栏

如果要设置最合适的行高或列宽,可以使用以下操作来实现:双击行号按钮下边框处或列号按钮右边框处;也可以选择“格式”菜单“行”(或“列”)命令下的“最适合的行高”(或“最适合的列宽”)命令。

重点2 工作表页面设置

1. 设置纸张大小

在打印输出工作表时,应根据工作表的大小选择合适的打印纸。设置纸张大小的方法:单击“文件”菜单中的“页面设置”命令,在弹出的“页面设置”对话框的“页面”选项卡中,在“纸张大小”下拉列表框中选择合适的打印纸型号或自定义纸张大小如图4-17所示。

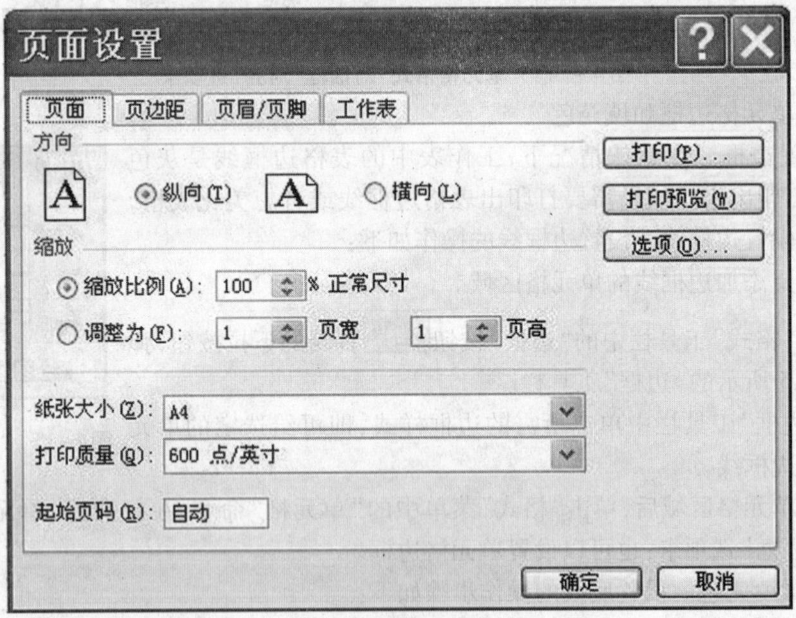

图4-17 “页面设置”对话框的“页面”选项卡

2. 设置页边距

在打印输出工作表时,打印纸的上、下、左、右都留有一定的空白,这就是页边距。Excel 2003自动设置了页边距,并确定了工作表在打印纸上的位置。要改变默认的页边距,可在如图4-18所示的“页边距”选项卡中进行设置。

3. 设置页眉和页脚

在工作表的页边距设置过程中，已经包含了页眉和页脚的设置，若要改变默认的页眉和页脚的位置，可调整图 4－18 中“页眉”和“页脚”数值框中的数值。

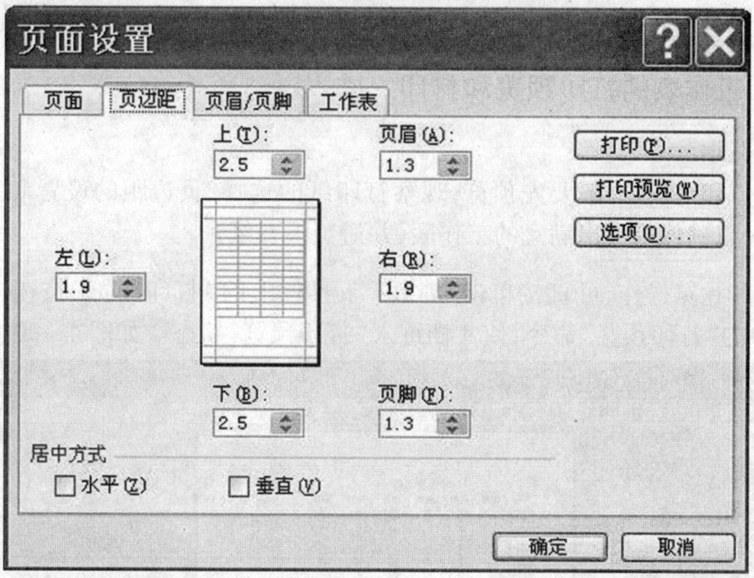

图 4－18　“页面设置”对话框“页边距”选项卡

Excel 2003 提供了一些常用的页眉、页脚格式，用户可以从中选择，也可以根据需要创建自己的页眉和页脚。在如图 4－19 所示的“页眉/页脚”选项卡中利用“页眉”和“页脚”下的下拉列表框来设置页眉和页脚内容。

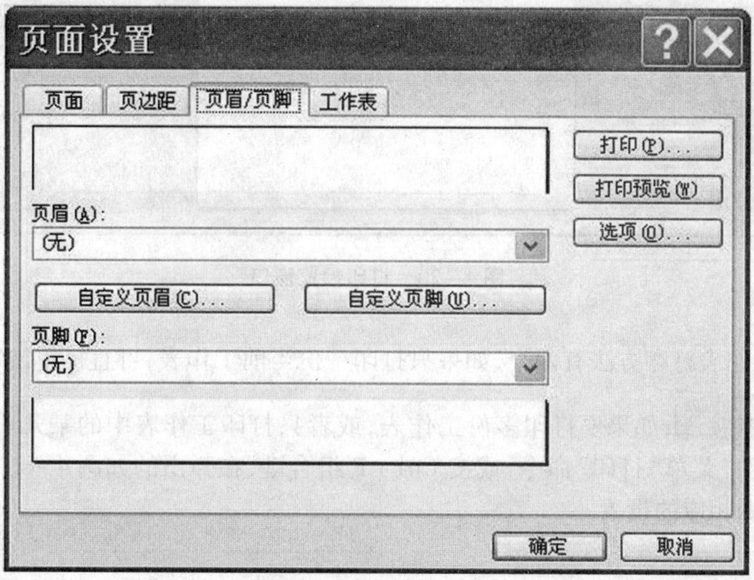

图 4－19　“页面设置”对话框“页眉/页脚”选项卡

4. 隐藏数据

在打印工作表之前，有时需要把一些数据（例如一些不需要输出的行和列等）隐藏起来，被隐藏的行或列不出现在打印输出的工作表中。

实现数据隐藏的一个简单方法是:选定要隐藏数据的行或列,然后在选定的行号或列号上右击鼠标,在快捷菜单中单击“隐藏”命令。

若要重现被隐藏的数据,可先选定被隐藏的行(列)的上下方的行(左右的列),然后在选定的行号或列号上右击鼠标,在快捷菜单中单击“取消隐藏”命令。

重点 3　工作表的打印预览和打印

1. 打印预览

工作表在打印之前,一般要先预览,观察打印纸的选择、页边距的设置和页眉页脚的定义等是否正确,以确保打印出满意的工作表,并避免浪费纸张。

要进行打印预览操作,可直接单击“常用”工具栏上的“打印预览”按钮,也可单击“文件”菜单中的“打印预览”命令,使文档进入“打印预览”状态。如图 4－20 所示。

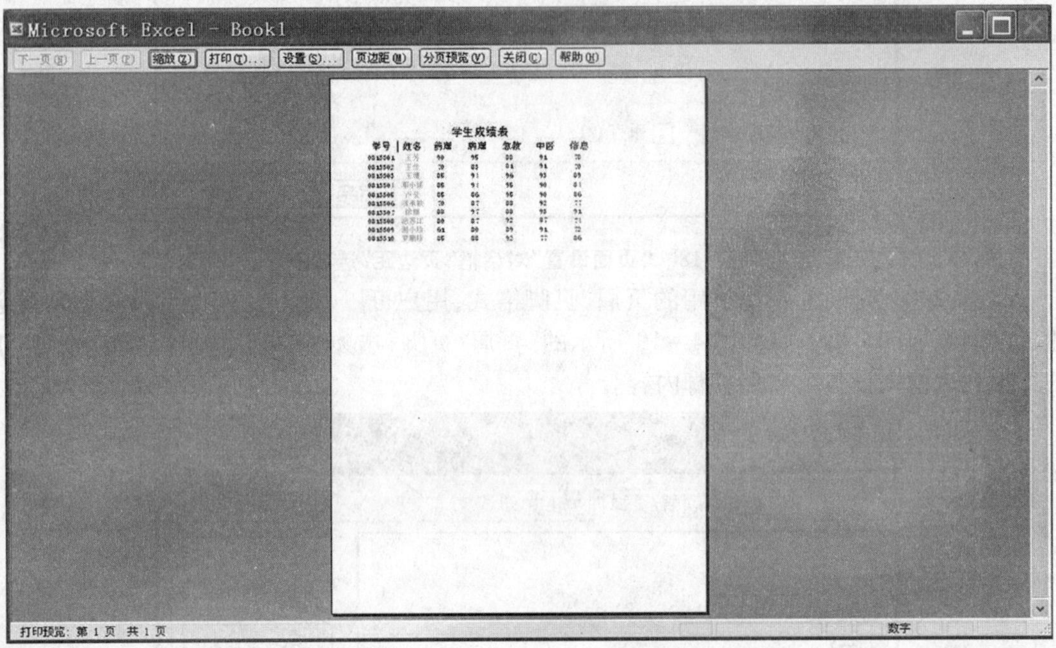

图 4－20　打印预览窗口

2. 打印

常用的工作表打印方法有两个,如果只打印一份当前工作表,可直接单击“常用”工具栏上的“打印”按钮;如果要打印多份工作表,或者只打印工作表中的某几页或某个区域,则应使用“文件”菜单“打印”命令,或按 Ctrl + P 组合键,在弹出的如图 4－21 所示“打印内容”对话框中做相应的设置。

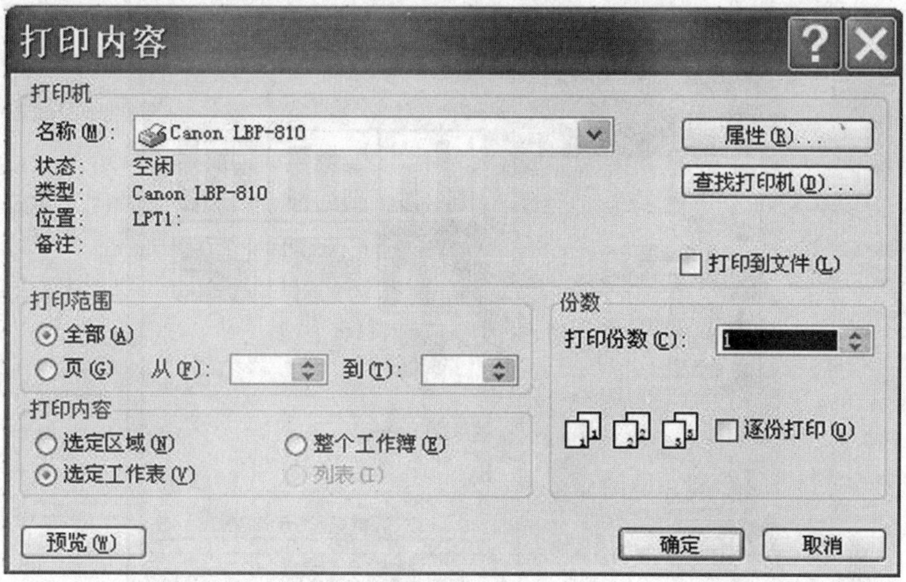

图4－21　“打印内容”对话框

4.1.5　图表

使用图表可以使Excel工作表内容更易于理解和交流。

重点1　建立图表

以建立图4－22所示学生成绩中的部分数据的图表为例，创建图表的操作步骤如下：

	A	B	C	D	E	F	G
1			学生成绩表				
2	学号	姓名	药理	病理	急救	中医	信息
3	813301	王芳	90	95	88	91	78
4	813302	王佳	70	83	81	91	70
5	813303	王珊	85	94	96	93	89
6	813304	邓小娇	85	94	95	90	84
7	813305	卢莹	85	86	95	90	86
8	813306	项承颖	70	87	88	92	77
9	813307	徐丽	88	97	88	93	91
10	813308	涂苏江	80	87	92	87	74
11	813309	谢小珍	61	80	89	91	72
12	813310	罗鹏珍	85	88	92	77	86
13							

图4－22　学生成绩表

1. 在工作表中选中要创建图表的数据区域，本例选中单元格区域A2:E5。

2. 单击“插入”菜单“图表”命令或单击“常用”工具栏中的“图表向导”按钮，打开“图表向导－4步骤之1－图表类型”对话框，单击“标准类型”选项卡，在“图表类型”列表框中选择“柱形图”，在“子图表类型”列表中选择第四种，即“三维簇状柱形图”选项，如图4－23所示。

图 4 – 23 “图表向导 – 4 步骤之 1 – 图表类型”对话框

3. 单击“下一步”按钮，打开“图表向导 – 4 步骤之 2 – 图表源数据”对话框，在“数据区域”文本框中输入制作图表的数据源区域，也可以单击右侧的折叠按钮，用拖动鼠标的方法在工作表中选中数据区域，如图 4 – 24 所示，选择“系列产生在”“行”。

图 4 – 24 “图表向导 – 4 步骤之 2 – 图表源数据”对话框

4. 单击“下一步”按钮，打开“图表向导 – 4 步骤之 3 – 图表选项”对话框，该对话框中有 6 个选项卡，分别用于设置标题、坐标轴、图例、数据标志和数据表等内容，可根据需要设置相应的选项，如图 4 – 25 所示。本例中要求在“标题”选项卡中输入图表标题为“学生成绩表”，x 轴标题为“科目”，z 轴标题为“分数”。

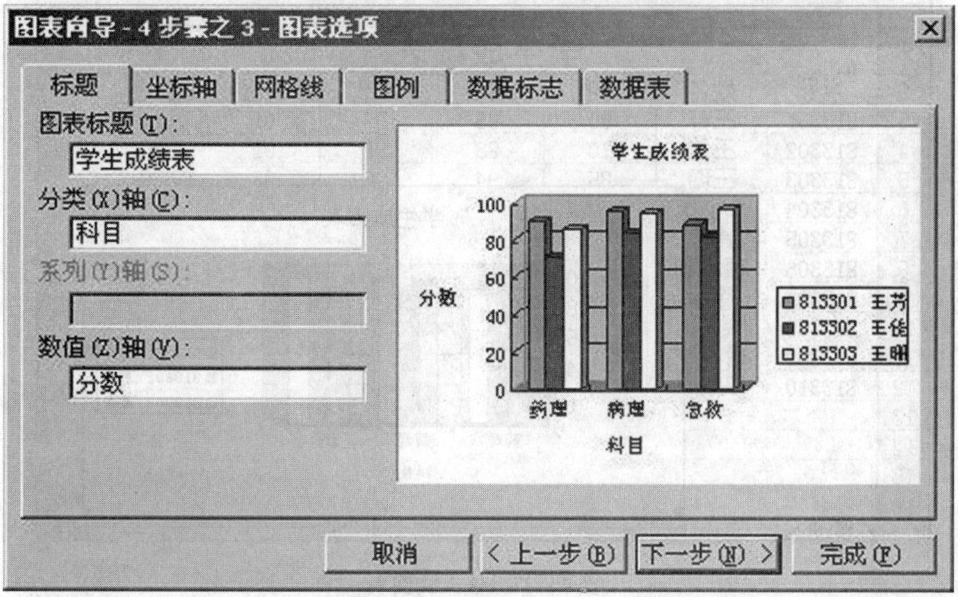

图 4 – 25　“图表向导 – 4 步骤之 3 – 图表选项”对话框

5. 单击“下一步”按钮，打开“图表向导 – 4 步骤之 4 – 图表位置”对话框，其中有两个单选按钮供选择“作为新工作表插入”或“作为其中的对象插入”，这里选择“作为其中的对象插入”，如图 4 – 23 所示。

图 4 – 26　“图表向导 – 4 步骤之 4 – 图表位置”对话框

6. 单击“完成”按钮，效果如图 4 – 27 所示。

重点 2　改变图表位置和大小

当创建图表后，嵌入式的图表总是被放置在表格的前面，挡住了数据，为了能够清晰看到数据表格和图表，必须合理调整表的位置和大小。

1. 移动图表

将鼠标指向图表，按住鼠标左键拖动鼠标到合适的位置释放鼠标左键即可。

2. 调整图表大小

(1)单击图表,这时在图表的四周出现 8 个控制点,如图 4－27 所示。将鼠标指针移动到图表四周的某个控制点上,这时鼠标指针变成双向箭头形状。

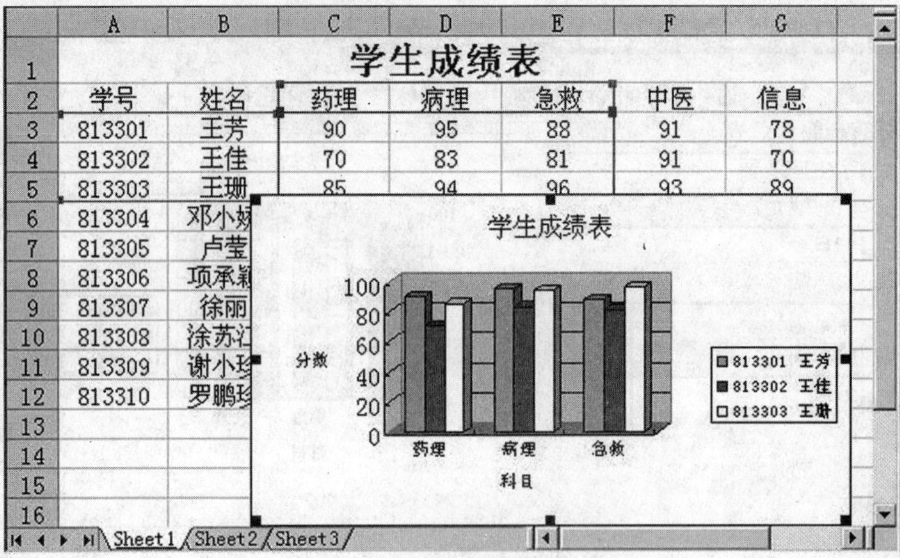

图 4－27　嵌入式图表

(2)按住鼠标左键并拖动鼠标,调整图表至合适大小后松开鼠标即可。

重点 3　图表的修改(难点)

1. 增加图表数据

以在图 4－27 中创建的“学生成绩表”图表中加入“中医”成绩为例,具体的操作步骤如下:

(1)选中图表,单击“图表”菜单中的“添加数据”命令,弹出如图 4－28 所示的“添加数据”对话框。

(2)单击“选定区域”文本框右侧的折叠按钮,在工作表中选中单元格区域 F2:F5,然后单击“添加数据”对话框中的展开按钮,对话框恢复为图 4－28 形状。

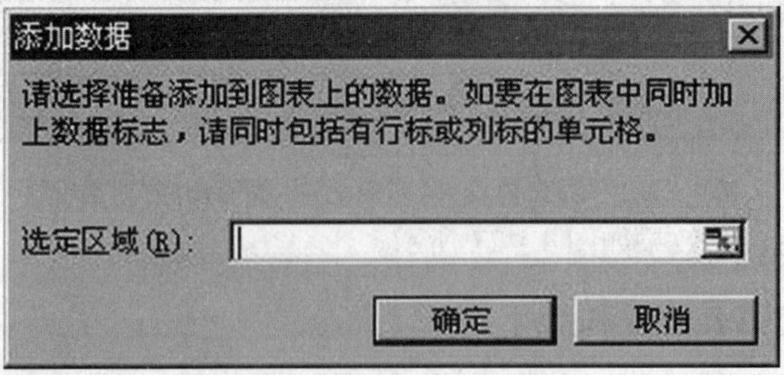

图 4－28　“添加数据”对话框

(3)单击“确定”按钮,即可完成添加图表数据的操作。

2. 删除图表数据

(1)单击图表中需要删除的数据系列。

(2)按 Delete 键或 Backspace 键删除,或单击“编辑”菜单中的“删除”命令的“系列”项。

4.1.6　工作表的数据库操作

工作表中的数据表由字段结构和记录数据组成。字段结构就是表格的列标题,记录就是表中的各行数据。如图 4-22 所示的学生成绩表的字段结构由“学号”、“姓名”、“药理”、“病理”、“急救”、“中医”、“信息”组成,各列的标题称为字段名,字段名以下的单元格数据称为该字段的值,由各字段的值组成的每一行数据称为一条记录。

重点 1　数据排序

在实际工作中,有时要对工作表中的数据按某字段值的大小进行排序,作为排序依据的字段称为关键字,Excel 最多可按三个关键字进行排序,即主关键字、次要关键字和第三关键字。仅当前一个关键字无法决定排列顺序时,才使用后一个关键字。排序时可以按照关键字段的字母顺序、汉字笔画数、数值大小等特征来排序。在 Excel 中提供了升序和降序两种排序方式。

根据排序时参照的关键字个数,排序分为简单排序和多条件排序两种。

简单排序:是指仅仅根据一个关键字为依据进行排序的情况。简单排序的操作方法是:先单击作为排序依据的字段中的任一单元格,再单击“常用”工具栏中的“升序”或“降序”按钮即可。

多条件排序:是指依据多个关键字进行排序的情况。

多条件排序的操作步骤如下:

1. 选定要进行排序的单元格区域,或用鼠标单击要进行排序的数据区中任一单元格。

2. 单击“数据”菜单中的“排序”命令,打开如图 4-29 所示的“排序”对话框。

3. 在“主要关键字”、“次要关键字”、“第三关键字”各栏中选择各关键字,并在其后面选择“升序”或“降序”。

4. 在“我的数据区域”栏中如选择“有标题行”,表示标题行不参加排序,如果选择“无标题行”,则表示标题行也参加排序。

5. 单击“确定”按钮即完成排序操作。

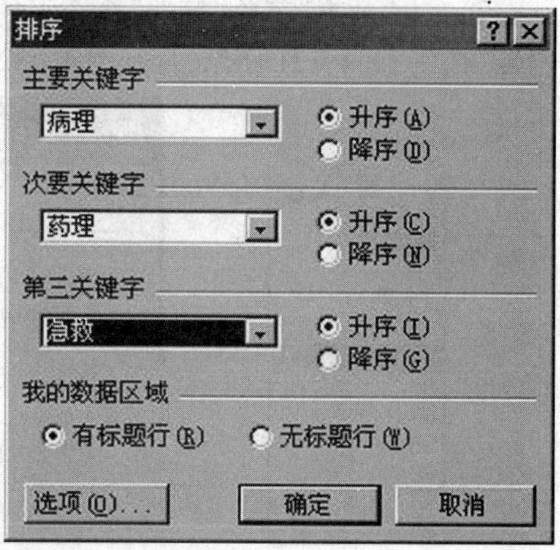

图 4-29　“排序”对话框

重点 2　数据的筛选

所谓数据筛选,是指将工作表中满足条件的记录筛选出来,而把不满足条件的记录隐藏。筛选数据的方法有自动筛选和高级筛选两种。

1. 自动筛选

(1)在成绩表中筛选急救成绩为 95 的记录为例:

①选定要进行筛选的数据区域 A2:G12,或单击数据中的任一单元格。

②单击“数据”菜单中的“筛选”命令下的“自动筛选”项。此时数据表中各字段名旁边出现下拉按钮。

③单击“急救”字段右边的下拉按钮，在出现的下拉列表中选择 95，如图 4－31 所示，则筛选结果中显示急救成绩为 95 的两条记录。

（2）自定义条件筛选。

例如在图 4－30 所示的“学生成绩表”中，将“急救”成绩 >90 分的所有记录筛选出来。

	A	B	C	D	E	F	G	H
1	学生成绩表							
2	学号	姓名	药理	病理	急救	中医	信息	
3	813302	王佳	70	83	81	91	70	
4	813309	谢小珍	61	80	89	91	72	
5	813308	涂苏江	80	87	92	87	74	
6	813306	项承颖	70	87	88	92	77	
7	813301	王芳	90	95	88	91	78	
8	813304	邓小娇	85	94	95	90	84	
9	813305	卢莹	85	86	95	90	86	
10	813310	罗鹏珍	85	88	92	77	86	
11	813303	王珊	85	94	96	93	89	
12	813307	徐丽	88	97	88	93	91	
13								
14								

图 4－30　执行“自动筛选”命令后的学生成绩表

①选定要进行筛选的数据区域。

②单击“数据”菜单“筛选”命令下的“自动筛选”项，单击“急救”字段下拉列表中的“自定义”选项，图 4－31 所示，打开图 4－32 所示的“自定义自动筛选方式”对话框。

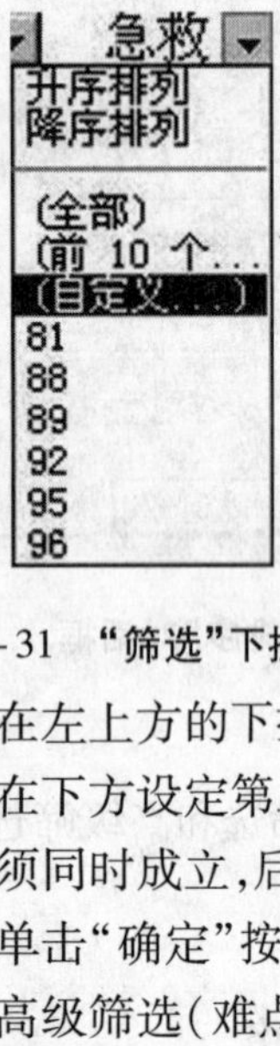

图 4－31　“筛选”下拉列表

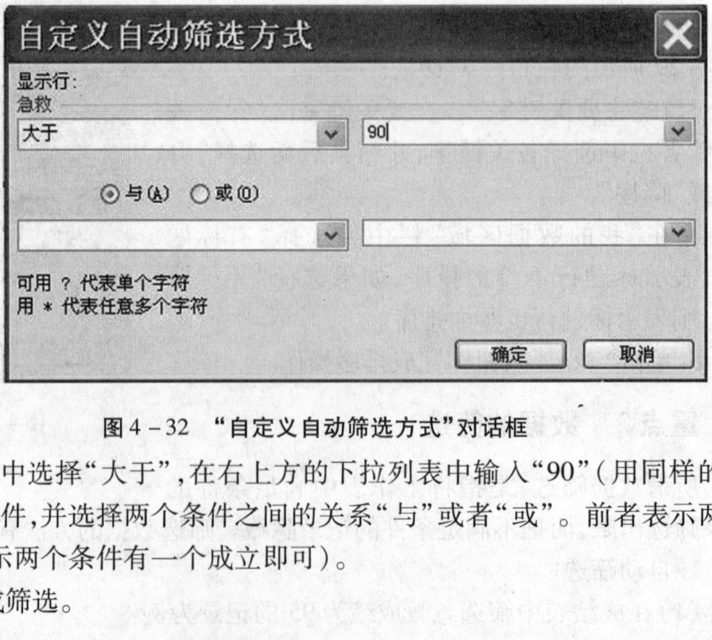

图 4－32　“自定义自动筛选方式”对话框

③在左上方的下拉列表中选择“大于”，在右上方的下拉列表中输入“90”（用同样的方法可以在下方设定第二个条件，并选择两个条件之间的关系“与”或者“或”。前者表示两个条件必须同时成立，后者表示两个条件有一个成立即可）。

④单击“确定”按钮完成筛选。

2. 高级筛选（难点）

自动筛选一次操作只能针对一个字段，每次最多可以指定两个条件。如果筛选涉及到多个字段时，使用自动筛选必须进行多次指定筛选条件的操作，比较麻烦，这时使用高级筛选可以一次完成。

使用高级筛选功能,必须先在数据区域的上方或下方建立一个条件区域,用来指定筛选的数据所需满足的条件。在条件区域的首行中包含的字段名必须与工作表中的字段名完全一样。注意“与”关系的条件必须出现在同一行;“或”关系的条件不能出现在同一行。

例如在图 4 - 30 所示的“学生成绩表”中,将“急救”成绩 >90 分,并且“中医”成绩 >85 分的所有记录筛选出来。步骤如下:

(1)在 D14,E14 单元格区域中分别输入“急救”和“中医”,然后在 D15,E15 单元格区域中分别输入“ >90”和“ >85”,如图 4 - 33 所示。

	A	B	C	D	E	F	G	H
1	学生成绩表							
2	学号	姓名	药理	病理	急救	中医	信息	
3	813302	王佳	70	83	81	91	70	
4	813309	谢小珍	61	80	89	91	72	
5	813308	涂苏江	80	87	92	87	74	
6	813306	项承颖	70	87	88	92	77	
7	813301	王芳	90	95	88	91	78	
8	813304	邓小娇	85	94	95	90	84	
9	813305	卢莹	85	86	95	90	86	
10	813310	罗鹏珍	85	88	92	77	86	
11	813303	王珊	85	94	96	93	89	
12	813307	徐丽	88	97	88	93	91	
13								
14				急救	中医			
15				>90	>85			
16								

图 4 - 33　设置高级筛选条件

(2)拖动鼠标选中数据 A3:G12。

(3)单击“数据”菜单“筛选”命令下的“高级筛选”命令,弹出如图 3 - 34 所示的“高级筛选”对话框。在“方式”栏中选择“在原有区域显示筛选结果”,在“列表区域”文本框中输入“ $A$2:$G$12”,或单击其右侧的折叠按钮,用鼠标在工作表中选择单元格区域 A2:F12,在“条件区域”栏指定条件区域为“ $D$14:$E$15”。

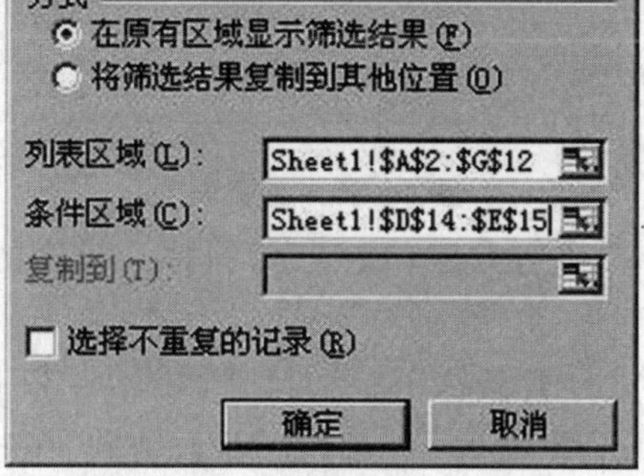

图 4 - 34　“高级筛选”对话框

(4)单击“确定”按钮,筛选结果如图 4 - 35 所示。

要取消筛选,如果只要单击“数据”菜单中的“筛选”命令的“全部显示”选项或单击“自

	A	B	C	D	E	F	G	H
1	学生成绩表							
2	学号	姓名	药理	病理	急救	中医	信息	
5	813308	涂苏江	80	87	92	87	74	
8	813304	邓小娇	85	94	95	90	84	
9	813305	卢莹	85	86	95	90	86	
11	813303	王珊	85	94	96	93	89	
13								
14				急救	中医			
15				>90	>85			
16								

图 4－35　在原数据区域显示高级筛选结果

动筛选”选项,也可以单击字段名下拉按钮,在下拉列表中单击“全部”项。

重点 3　数据的分类汇总

分类汇总是分析数据表的常用方法,是指对工作表中排好序的数据,按某一字段分类并分别为各类数据的一些数据项进行统计汇总,如求和、计数、求平均数等。

以图 4－36 所示的工资表为例,按科室汇总各科室的平均工资和奖金。操作步骤如下:

	A	B	C	D	E	F
1	工资表					
2	科室	姓名	职称	工资	奖金	
3	内科	王欢	护士	1000	520	
4	外科	谢珍	护师	1280	640	
5	产科	苏红	主任护师	2000	960	
6	中医科	项燕	主管护师	1400	720	
7	中医科	王丽丽	护士	1050	480	
8	内科	邓小芳	副主任护师	1600	800	
9	外科	毛红	护师	1250	640	
10	外科	梁虹	副主任护师	1632	800	
11	产科	李健	护师	1200	660	
12	内科	徐丽	护士	1020	500	
13	内科	周华	主管护师	1430	730	
14						
15						
16						

图 4－36　工资表

1. 对工资表数据按“科室”进行升序(或降序)排序。排序的目的是对数据表中的记录进行分类。

2. 单击“数据”菜单中的“分类汇总”命令,打开如图 4－37 所示的“分类汇总”对话框。在“分类字段”下拉列表框中选择“科室”选项,在“汇总方式”下拉列表框中选择“平均值”选项,在“选定汇总项”列表框中选择“工资”和“奖金”。再选中“替换当前分类汇总”和“汇总结果显示在数据下方”复选框。

3. 单击“确定”按钮。汇总结果如图 4－38 所示。

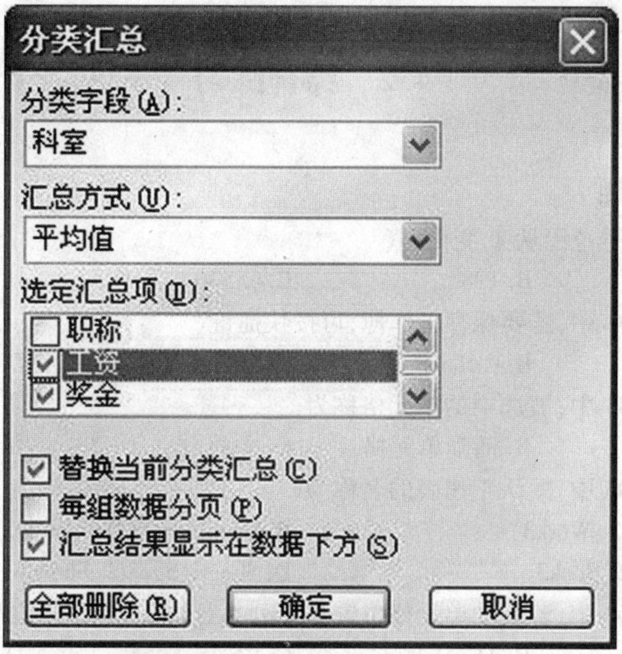

图 4－37　“分类汇总”对话框

	A	B	C	D	E	F
1	工资表					
2	科室	姓名	职称	工资	奖金	
3	产科	苏红	主任护师	2000	960	
4	产科	李健	护师	1200	660	
5	产科 平均值			1600	810	
6	内科	王欢	护士	1000	520	
7	内科	邓小芳	副主任护师	1600	800	
8	内科	徐丽	护士	1020	500	
9	内科	周华	主管护师	1430	730	
10	内科 平均值			1262.5	637.5	
11	外科	谢珍	护师	1280	640	
12	外科	毛红	护师	1250	640	
13	外科	梁虹	副主任护师	1632	800	
14	外科 平均值			1387.33	693.3333	
15	中医科	项燕	主管护师	1400	720	
16	中医科	王丽丽	护士	1050	480	
17	中医科 平均值			1225	600	
18	总计平均值			1351.09	677.2727	
19						
20						

图 4－38　按科室汇总平均工资和平均奖金

4.2 综合练习

4.2.1 选择题

1. 工作表中行号范围从 1 变化到(　　)。

A. 127　　B. 128　　C. 65536　　D. 65537

2. 在 Excel 2003 中,若要保存工作簿,可按快捷键(　　)。

A. Ctrl + A　　B. Ctrl + S　　C. Shift + A　　D. Shift + S

3. 在 Excel 2003 中,被选中的单元格称为(　　)。

A. 工作簿　　B. 活动单元格　　C. 文档　　D. 拆分框

4. 在 Excel 2003 中,默认工作表的名称为(　　)。

A. Work1、Work2、Work3　　B. Document1、Document2、Document3

C. Book1、Book2、Book3　　D. Sheetl、Sheet2、Sheet3

5. 在 Excel 2003 中,若活动单元格位置为 F 列 4 行,则该单元格位置以(　　)表示。

A. F4　　B. 4F　　C. G5　　D. 5G

6. Excel 2003 是(　　)公司的产品。

A. IBM　　B. Adobe　　C. Sun　　D. Microsoft

7. 在默认情况下,一个 Excel 2003 工作簿中的工作表个数是(　　)个。

A. 3　　B. 4　　C. 5　　D. 6

8. 下面(　　)操作不能使 F4 单元格成为当前单元格。

A. 用鼠标单击 F4 单元格　　B. 在名称框中输入 F4 并按回车

C. 在编辑栏中输入 F4 并按回车　　D. 利用编辑菜单中的定位命令

9. 一个 Excel 工作表有(　　)列

A. 255　　B. 256　　C. 257　　D. 258

10. 在 Excel 2003 中,要打开工作簿可以使用快捷键(　　)。

A. Ctrl + X　　B. Ctrl + O　　C. Shift + O　　D. Shift + S

11. 在 Excel 2003 工作表中,如未特别设定格式,则文本数据会自动(　　)对齐。

A. 靠左　　B. 靠右　　C. 居中　　D. 随机

12. 在 Excel 2003 工作表中,如未特别设定格式,则数值数据会自动(　　)对齐。

A. 靠左　　B. 靠右　　C. 居中　　D. 随机

13. 在 Excel 工作表的单元格中字符串长度超过该单元格的显示宽度时,下列叙述中不正确的是 (　　)。

A. 该字符串可能占用其左侧单元格的显示空间全部显示出来

B. 该字符串可能占用其右侧单元格的显示空间全部显示出来

C. 该字符串可能只显示其所在单元格部分,多余部分被其右侧单元格中的内容覆盖

D. 该字符串可能只在其所在单元格的显示空间部分显示出来,多余部分被删除

14. Excel 2003 中,设置某单元格中的数据格式,应使用(　　)。

A. “插入”菜单中“单元格”命令　　B. “格式”菜单中“单元格”命令

C.“数据”菜单　　D.“编辑”菜单

15. 若要删除第4行,下面操作正确的是(　　)。

A. 选中第4行,按键盘上的 Delete 键

B. 选中第4行,按键盘上的退格键

C. 选中第4行,使用编辑菜单下的删除命令

D. 选中第4行,使用编辑菜单下的清除命令

16. 在 Excel 2003 工作表中,区域 A2:C4 包含有(　　)个单元格。

A. 3　　B. 6　　C. 9　　D. 12

17. 关于 Excel 2003 的插入列操作,正确的操作是先选择 D 列,然后(　　)。

A. 单击左键在弹出的快捷菜单中选择“插入”命令,将在原 D 列左侧插入一列

B. 单击左键在弹出的快捷菜单中选择“插入”命令,将在原 D 列右侧插入一列

C. 单击右键在弹出的快捷菜单中选择“插入”命令,将在原 D 列左侧插入一列

D. 单击右键在弹出的快捷菜单中选择“插入”命令,将在原 D 列右侧插入一列

18. 退出 Excel 2003 窗口的快捷键是(　　)。

A. Shift + F4　　B. Ctrl + F4　　C. Alt + F4　　D. F4

19. 下列对于 Excel 2003 工作表的操作中,不能选定单元格区域 B2:E10 的是(　　)。

A. 鼠标指针移到 B2 单元格,按鼠标左键拖动到 E10

B. 在名称框中输入单元格区域 B2:E10,再按 Enter 键

C. 单击 B2 单元格,然后按住 Shift 键单击 E10 单元格

D. 单击 B2 单元格,然后按住 Ctrl 键单击 E10 单元格

20. 在 Excel 中,空心十字型鼠标指针和实心十字型鼠标指针分别可进行的操作是(　　)。

A. 拖动时选择单元格,拖动时复制单元格内容

B. 拖动时复制单元格内容,拖动时选择单元格

C. 作用相同,都可选择单元格

D. 作用相同,都可复制单元格内容

21. 在 Excel 2003 中,下列概念按由大到小的次序进行排列是(　　)。

A. 工作表、单元格、工作簿　　B. 工作表、工作簿、单元格

C. 工作簿、单元格、工作表　　D. 工作簿、工作表、单元格

22. 要在工作表中区域 A1:A10 中输入完全相同的文字,下列说法中错误的是(　　)。

A. 选定 A1 单元格,输入内容,拖曳 A1 单元格的填充柄直至 A10 单元格

B. 选定 A1 单元格,输入内容,按下 Ctrl 键拖曳 A1 单元格的填充柄直至 A10 单元格

C. 选定 A1 单元格,输入内容,再选取 A1:A10,使用“编辑”菜单中的“粘贴”命令

D. 选定 A1 单元格,输入内容,按 Ctrl + C,再选取 A2:A10,按 Ctrl + V

23. 在 Excel 2003 中,以下(　　)不是打印文件的必要条件。

A. 连接打印机　　B. 对被打印的文件进行打印预览

C. 安装打印驱动程序　　D. 设置打印机

24. 在 Excel 2003 中,下列(　　)不是公式。

A. =(20 - A1)/3　　B. = A2/C1　　C. SUM(A2:A4)/2　　D. = A2 + A3 + D4

25. 在 Excel 2003 工作表中,单元格 A1 至 A10 中分别存放的数据为 1、1、2、3、5、8、13、21、36、57,要在单元格 A12 中存放这 10 个数值的最大值,应在 A12 单元格中使用函数(　　)。

A. MAX( )　　B. COUNT( )　　C. SUM( )　　D. AVERAGE( )

26. 在 Excel 2003 中,当需要打印工作表时,所要进行的操作是(　　)。

A. 选择"文件"菜单下的"页面设置"命令　　B. 选择"文件"菜单下的"打印"命令

C. 选择"格式"菜单下的"打印"命令　　D. 选择"视图"某单下的"打印"命令

27. 在 Excel 2003 中,对单元格输入公式时,应首先输入的是(　　)。

A. :　　B. =　　C. ?　　D. "="

28. 在 Excel 2003 中,在分类汇总之前,必须先对数据清单进行(　　)。

A. 筛选　　B. 排序　　C. 查找　　D. 定位

29. 在 Excel 2003 中,改变字体的正确操作是先选定要改变字体的单元格区域,然后(　　)。

A. 在"编辑"菜单中选择"字体",再选择相应的字体

B. 在"工具"菜单中选择"字体",再选择相应的字体

C. 在"格式"菜单中选择"单元格",在字体选项卡中选择相应的字体

D. 在"视图"菜单中选择"字体",再选择相应的字体

30. 在 Excel 2003 中,如果希望打印内容处于页面中心,可以选择"页面设置"中的(　　)。

A. 水平居中　　B. 垂直居中

C. 无法办到　　D. 水平居中和垂直居中

31. 在 Excel 2003 中,如要设置单元格数据格式,应使用(　　)。

A. "编辑"菜单　　B. "格式"菜单中的"单元格"命令

C. "数据"菜单　　D. "插入"菜单中的"单元格"命令

32. 在 Excel 2003 中,若要在任意单元格的左方插入一个单元格,在单击"插入"菜单中"单元格"命令后出现的"插入"对话框中应选择(　　)。

A. 整行　　B. 活动单元格右移

C. 整列　　D. 活动单元格下移

33. 在 Excel 2003 中,若在 A2 单元格中输入" =8^2",则显示结果为(　　)。

A. 16　　B. 64　　C. =8^2　　D. 8^2

34. 在 Excel 2003 中,设置两个排序条件的目的是(　　)。

A. 第一排序条件完全相同的记录以第二排序条件确定记录的排列顺序

B. 记录的排序必须同时满足这两个条件

C. 记录的排序必须符合这两个条件之一

D. 根据两个排序条件的成立与否,再确定是否对数据表进行排序

35. 在 Excel 2003 中,选取一行单元格的方法是(　　)。

A. 单击该行的任一单元格

B. 在名称框输入该行行号

C. 单击该行行号

D. 单击该行的任一单元格，并选“编辑”菜单的“行”命令

36. 在 Excel 2003 中，要在单元格中输入日期，不符合日期格式的数据是（　　）。

A. 10 - 01 - 99　　B. 01 - OCT - 99　　C. 1999/10/01　　D. "10/01/99"

37. 在 Excel 2003 中，要修改页眉/页脚的页边距，应该（　　）。

A. 选择“文件”菜单下的“页面设置”选项中进行修改

B. 选择“格式”菜单下的“页面设置”选项中进行修改

C. 选择“格式”菜单下的“边界设置”选项中进行修改

D. 选择“视图”菜单下的“边界设置”选项中进行修改

38. 在 Excel 2003 中，“18 磅”字比“8 磅”字（　　）。

A. 大　　B. 小　　C. 一样　　D. 有时大，有时小

39. 单元格 A5 的内容是“A5”，拖动 A5 单元格的填充柄至 C5，则 B5、C5 单元格的内容分别为（　）。

A. B5、C5　　B. B6、C7　　C. A6、A7　　D. A5、A5

40. 在 Excel 2003 中，对先前所做过的有限次编辑操作，以下正确的是（　　）。

A. 不能对已作的操作进行撤消

B. 能对已作的操作进行撤消，但不能恢复撤消后的操作

C. 最多能对此前的 16 次操作进行撤消，也只能恢复所撤消的 16 次操作

D. 不能对已作的操作进行撤消，也不能恢复撤消后的操作

41. 在 Excel 中，关于列宽的描述，错误的是（　　）。

A. 可以用多种方法改变列宽　　B. 列宽可以调整

C. 不同列的列宽可以不一样　　D. 同一列中不同单元格的宽度可以不一样

42. 在 Excel 2003 中，每个工作簿最多可包含工作表为（　　）。

A. 254　　B. 255　　C. 256　　D. 257

43. 在 Excel 2003 中，若要选择当前工作表的区域 A2:D5 和 E3:F6，应（　　）。

A. 按鼠标左键从 A2 拖动到 D5，然后按鼠标左键从 E3 拖动到 F6

B. 按鼠标左键从 A2 拖动到 D5，然后按住 Ctrl 键，并按鼠标左键从 E3 拖动到 F6

C. 按鼠标左键从 A2 拖动到 D5，然后按住 Shift 键，并按鼠标左键从 E3 拖动到 F6

D. 按鼠标左键从 A2 拖动到 D5，然后按住 Tab 键，并按鼠标左键从 E3 拖动到 F6

44. 在 Excel 2003 中，往单元格中输入公式“ = SUM（B2:B3，D2:E3）”时，其功能是（　　）。

A. = B2 + B3 + C2 + C3 + D2 + E2　　B. = B2 + B3 + D2 + D3 + E2 + E3

C. = B2 + B3 + D2 + E2　　D. = B2 + B3 + C2 + D2 + E2

45. 在 Excel 2003 中，选取单元格区域 A2:D10 的正确方法是（　　）。

A. 将鼠标指向 A2 单元格，按鼠标左键拖动到 D10

B. 在名称框中输入单元格区域 A2 - D10

C. 单击 A2 单元格，然后单击 D10 单元格

D. 单击 A2 单元格，然后按住 Ctrl 键单击 D10 单元格

46. 在 Excel 2003 中，选取若干个不连续单元格，可以（　　）。

A. 按住 Shift 键，依次点击待选单元格　　B. 按住 Tab 键，依次点击待选单元格

C. 按住 Alt 键,依次点击待选单元格　　D. 按住 Ctrl 键,依次点击待选单元格

47. 在 Excel 2003 中,以下说法中正确的是(　　)。

A. 移动单元格数据的方法是:选择单元格、粘贴单元格、在目标单元格移动单元格

B. 移动单元格数据的方法是:选择单元格、复制单元格、在目标单元格粘贴

C. 复制单元格数据的方法是:选择单元格、剪切单元格、在目标单元格复制

D. 复制单元格数据的方法是:选择单元格、复制单元格、在目标单元格粘贴

48. 在 Excel 2003 中打开文件,下面叙述正确的是(　　)。

A. 只能打开一个文件　　B. 最多能打开四个文件

C. 不可以同时打开多个文件　　D. 可以同时打开多个文件

49. 在打印 Excel 2003 工作表前,能看到实际打印效果的操作是(　　)。

A. 仔细观察屏幕上工作表　　B. 单击"视图"菜单中的"分页预览"命令

C. 按功能键 F8　　D. 单击工具栏上的"打印预览"按钮

50. 将工作表中 C 列删除,并使 D、E……各列内容相应左移一列的操作是(　　)。

A. 单击列号 C,选择"文件"→"删除"

B. 单击列号 C,选择"编辑"→"删除"

C. 单击列号 C,选择工具栏上的"剪切"按钮

D. 单击列号 C,选择"编辑"→"清除"→"全部"

51. 在编辑 Excel 2003 工作表时,删除工作表第 5 行的操作是(　　)。

A. 单击行号 5,选择"文件"→"删除"

B. 单击行号 5,选择"编辑"→"删除"

C. 单击行号 5,选择工具栏上的"剪切"按钮

D. 单击行号 5,选择"编辑"→"清除"→"全部"

52. 下列关于 Excel 数据排序的叙述中,错误的是(　　)。

A. 可以递增排序　　B. 可以指定五个关键字排序

C. 可以指定三个关键字排序　　D. 可以递减排序

53. 在一个 Excel 2003 工作簿中,使用下列操作,不能增加一个工作表的是(　　)。

A. 在工作表的标签上,单击右键,并单击"插入"命令

B. 选择"插入"菜单下的"工作表"命令

C. 按组合键 Alt + I,再键入 W

D. 选择"编辑"菜单下的"插入工作表"命令

54. 在 Excel 2003 中,公式" = AVERAGE(C3:C5)"等价于下面哪个公式(　　)。

A. = C3 + C4 + C5/3　　B. = (C3 + C4 + C5)/3

C. = (C3 + C5)/2　　D. 都不对

55. 在 Excel 2003 中,工作簿存盘时的默认文件扩展名为(　　)。

A. . XLS　　B. . XLC　　C. . XLT　　D. . DBF

56. 在 Excel 2003 中,若保存工作簿时屏幕出现"另存为"的对话框,则说明(　　)。

A. 该文件已经保存过　　B. 该文件未保存过

C. 该文件不能保存　　D. 该文件作了修改

57. 在 Excel 2003 中,工作薄新建后,第一张工作表默认名称是(　　)。

A. 工作表 1　　B. 表 1　　C. book1　　D. Sheet1

58. 在 Excel 中,要在一个单元格中输入数据,这个单元格必须是(　　)。

A. 空的　　B. 行首单元格

C. 当前单元格　　D. 提前定义好数据类型

59. 如果要选择多个连续的单元格,使用鼠标操作时,可配合使用(　　)键。

A. Ctrl　　B. Tab　　C. Enter　　D. Shift

60. 在 Excel 中,函数 = MIN(5,17,8,3)的返回值是(　　)。

A. 5　　B. 17　　C. 8　　D. 3

61. 在 Excel 中,当要大量处理数据的情况下,如果要对工作表中满足一定条件的单元格数据用醒目的方式(如用红色)显示,利用(　　)命令最为方便。

A. 替换　　B. 自动筛选　　C. 条件格式　　D. 高级筛选

62. 在 Excel 中,设定 A3 单元格为数字格式并显示小数点后 1 位数字,当在其中输入 67.36 时,显示为(　　)。

A. 67　　B. 67.3　　C. 67.4　　D. 67.36

63. 在 Excel 中,工作表的列用(　　)表示。

A. 数字　　B. 字母　　C. 数字 + 字母　　D. 字母 + 数字

64. 在 Excel 中,嵌入式图表是指图表和它的数据源必须放在(　　)工作表中。

A. 相邻的　　B. 同一张　　C. 不同的　　D. 另一个文件的

65. 给 Excel 工作表的单元格中加上填充色是指(　　)。

A. 单元格区域的颜色　　B. 单元格边框的颜色

C. 单元格文字的颜色　　D. 单元格中数字的颜色

66. 在 Excel 2003 工作表中,单击某个有数据的单元格,并把鼠标指向其边框,当鼠标指针变成  形时,按住左键拖动鼠标可以(　　)。

A. 无法完成任何操作　　B. 清除单元格中的数据

C. 复制单元格中的数据　　D. 移动单元格中的数据

67. 下面关于 Excel 工作表数据的描述中,(　　)是错误的。

A. 可以在工作表中输入图形　　B. 可对工作表中数据进行排序

C. 可以利用表中的数据生成图表　　D. 不可以对工作表中的数据进行计算

68. 在同一个 Excel 工作簿中要把工作表 sheet2 移动到 sheet1 之前,应(　　)。

A. 用鼠标将工作表 sheet2 的标签拖动到工作表 sheet1 的标签之前

B. 按下 Ctrl 键,用鼠标将工作表 sheet2 的标签拖动到工作表 sheet1 的标签之前

C. 选定 sheet2,单击"编辑"/"复制"命令,再选定 sheet1,单击"编辑"/"粘贴"

D. 选定 sheet2,单击"编辑"/"剪切"命令,再选定 sheet1,单击"编辑"/"粘贴"

69. 对 Excel 工作表中的单元格区域 B3:C4 求和,则在存放结果的单元格中应输入(　　)。

A. SUM(B3:C4)　　B. =SUM(B3,C4)

C. =SUM(B3:C4)　　D. B3 + B4 + C3 + C4

70. 在 Excel 工作表中,显示工作表名称的位置是(　　)。

A. 工作表标签　　B. 名称框　　C. 编辑栏　　D. 标题栏

71. 在 Excel 中,单元格区域的表示方法是“第一单元格地址:第二单元格地址”,以单元格 B2 和 D7 为对角的单元格区域应表示为(　　)。

A. D7:B2　　B. B2:D7　　C. B7:D2　　D. D2:B7

72. 在 Excel 工作表中,单元格 A8 的地址在绝对引用时应表示为(　　)。

A. A8　　B. \$A\$8　　C. \$A8　　D. A\$8

73. Excel 中的文本数据包括(　　)

A. 字母　　B. 数字

C. 其他可输入的字符　　D. 以上全部都是

74. 在 Excel 工作表中,已知单元格 B1、B2、C1、C2 的值分别为 20、10、15、30,在 D1 中输入公式“= \$B1 + C\$1”,将 D1 中的公式复制到 D2,则 D2 中显示结果为(　　)。

A. 25　　B. 35　　C. 45　　D. 55

75. 在 Excel 中,工作表的折分分为(　　)。

A. 水平折分　　B. 垂直折分

C. 水平与垂直同时折分　　D. 包含发上三种

76. 在 Excel 工作表中,B1 单元格和 C2 单元格内容分别为“护理学”、“外科”,现要求在 D3 单元格中显示“外科护理学”,则在 D3 单元格中应输入(　　)。

A. =B1&C2　　B. =B1+C2　　C. =C2&B1　　D. =C2+B1

77. 在 Excel 中,一个工作薄最多可以包含(　　)张工作表。

A. 64　　B. 128　　C. 255　　D. 256

78. Excel 文件也称为(　　)。

A. 工作表　　B. 单元格　　C. 工作薄　　D. 标签

79. 在 Excel 工作表中,当鼠标指针移动到当前单元格的填充柄位置时,鼠标指针变成(　　)。

A. 实心“十”字　　B. 标准选择形状　　C. 空心箭头　　D. “工”字形

80. 在 Excel 工作表中,以下能够向某单元格输入数值 2011 的是(　　)。

A. ‘2011’　　B. ’2001　　C. (2011)　　D. =2011

4.2.2　填空题

1. Excel 是一种＿＿＿＿＿＿＿＿软件。

2. Excel 2003 中打印工作表的快捷键是＿＿＿＿＿＿＿＿。

3. SUM 是一种＿＿＿＿＿＿＿＿函数,AVERAGE 是一种＿＿＿＿＿＿＿＿函数。

4. 逻辑型数据默认的对齐方式是＿＿＿＿＿＿＿＿。

5. 图表向导的四个步骤依次为＿＿＿＿＿＿、＿＿＿＿＿＿、＿＿＿＿＿＿和＿＿＿＿＿＿。

6. 在 Excel 2003 中,一个公式输入到某单元格中后,该单元格中会显示＿＿＿＿＿＿＿＿。

7. 默认情况下,在单元格中输入 2/3,会显示为＿＿＿＿＿＿＿＿。

8. 如果在单元格 A1、A2、A3 中分别输入 100、120、200,选定 A1 和 A2 后拖动填充柄向下拉过 A3、A4 单元,那么 A3 和 A4 中分别显示＿＿＿＿＿＿＿＿和＿＿＿＿＿＿＿＿。

9. 在单元格中输入数据,该数据同时显示在________中。

10. 工作中第 7 列的列标为________。

11. 工作表中第 2 行、第 E 列的单元格地址为________。

12. 如需查看工作表的打印效果,应使用________菜单中________命令。

13. 在自动筛选中使用自定义筛选条件时,可以为每个字段最多定义________个筛选条件。

14. 建立数据透视表可使用________菜单中________命令。

15. 单元格地址是由________和________组成。

16. 选定多个单元格后按________键可删除所有选定单元格中的数据。

17. 在 Excel 2003 中,默认情况下,被黑色较粗实线围住的单元格称为________。

18. 如果要输入当前时间和当前日期,可分别使用快捷________和________。

19. 在 Excel 2003 中,如果选择输入了公式的单元格,则编辑栏中会显示________。

20. 在 Excel 2003 中,通过执行________菜单中________命令,并在对话框中选择________选项卡,可设置页眉和页脚。

4.2.3　操作题

1. 新建一个工作簿,将工作表增加为 4 个,然后分别将 4 个工作表命名为第一季度、第二季度、第三季度、第四季度,并分别将工作表标签的颜色设置成红、黄、蓝、绿。

2. 新建一个工作簿,请将 A 列和 D 列的列宽设置为 12,将 1 行、3 行、5 行的行高设置为 20。

3. 打开 Excel,将下面的内容录入到工作表 Sheet1 中,然后按下列要求进行编辑。

	A	B	C	D
1	姓名	性别	年龄	职称
2	程文军	男	44	副主任医师
3	易红梅	女	27	主治医师
4	胡涵轩	女	30	主治医师
5	徐斌	男	33	副主任医师
6	李子珍	女	46	主任医师

(1)将 A 列设置成黑体、15 磅,加粗并居中。

(2)将各列列宽调整为 10。

(3)按年龄对数据进行升序排序。

(4)将上述工作表复制到 Sheet2 中,并将 Sheet2 命名为“职称统计”。

(5)将工作簿保存于 D 盘,并以自己的名字命名。

4. 按要求完成以下各小题:

(1)打开 Excel 2003 工作簿文件,选择工作表 Sheet1,将其更名为“统计表”,并输入上图中的数据。

(2)在统计表中合并 A1 到 I1 单元格,使标题跨列居中,输入标题“周销售额统计表(元)”,将标题设置为 20 磅宋体,把 B3:H9 单元格的数据以带有 2 位小数的格式显示。

(3)使用公式,在 I3:I9 中计算每种商品一周的销售额,在 B10:H10 计算每天的销售额,

	A	B	C	D	E	F	G	H	I
1	周销售额统计表（元）								
2		星期一	星期二	星期三	星期四	星期五	星期六	星期日	合计
3	商品1	1980	1600	2000	1800	1700	1500	1900	
4	商品2	1700	1500	2000	1800	1500	1800	1900	
5	商品3	1500	1550	1600	1650	1700	1750	1800	
6	商品4	800	900	2030	2000	2000	2010	2000	
7	商品5	2000	2000	2000	2000	2000	2000	2000	
8	商品6	2010	2000	1990	1980	1970	1960	1950	
9	商品7	2200	2150	2100	2050	2000	1950	1900	
10	合计								

在 I10 计算一周的销售总额。

（4）将 Excel 文档命名“销售统计表. xls”并保存。

5. 打开 Excel 工作薄，将下表内容输入工作表 Sheet1 中，并完成以下操作：

（1）在工作薄中插入一张新工作表 Sheet4，把 Sheet1 工作表的内容分别复制到 Sheet2、Sheet3、Sheet4 中。

（2）在工作表 Sheet1 中，按“工资”字段降序排序，“工资”相同时，再按“奖金”降序排序，并把该工作表改名为“工资排序”。

（3）在 Sheet2 工作表中，用自动筛选的方法筛选出职称为“教授”的记录，并把该工作表改名为“自动筛选”。

（4）在 Sheet3 工作表中，用高级筛选的方法筛选出“部门编号 >2000，且工资 >1000”的记录。并把该工作表改名为“高级筛选”。

（5）将该工作薄以“工资表”为名保存。

	A	B	C	D	E
1	部门编号	姓名	职称	工资	奖金
2	1010	李小明	讲师	800	290
3	3020	王月光	副教授	1200	360
4	2020	张无量	教授	1500	440
5	3020	杨先进	教授	1550	460
6	2020	徐明	讲师	900	300
7	1010	朱勋	副教授	1200	380
8					

参考答案

一、选择题

1. C	2. B	3. B	4. D	5. A	6. D	7. A	8. C	9. B	10. B
11. A	12. B	13. D	14. B	15. C	16. C	17. C	18. C	19. D	20. A
21. D	22. C	23. B	24. C	25. A	26. B	27. B	28. B	29. C	30. D
31. B	32. B	33. B	34. A	35. C	36. D	37. A	38. A	39. C	40. C
41. D	42. B	43. B	44. B	45. A	46. D	47. D	48. D	49. D	50. B

51. B　52. B　53. D　54. B　55. A　56. B　57. D　58. C　59. D　60. D
61. C　62. C　63. B　64. B　65. A　66. D　67. D　68. A　69. C　70. D
71. B　72. B　73. D　74. A　75. D　76. C　77. C　78. C　79. A　80. D

二、填空题

1. 电子表格
2. Ctrl + P
3. 求和　求平均值
4. 居中
5. 图表类型　图表源数据　图表选项　图表位置
6. 运算结果
7. 2 月 3 日
8. 140　160
9. 编辑栏
10. G
11. E2
12. 文件　打印预览
13. 2
14. 数据　数据透视表和数据透视图
15. 列标　行号
16. Del
17. 当前单元格(或活动单元格)
18. Ctrl + Shift + ;　Ctrl + ;
19. 公式
20. 文件　页面设置　页眉/页脚

第 5 章 PowerPoint 2003 演示文稿软件

5.1 重点、难点提示

5.1.1 PowerPoint 2003 基础

重点 1 PowerPoint 2003 的启动与退出

1. PowerPoint 2003 的启动

单击“开始”/“程序”/“Microsoft Office”/“Microsoft Office PowerPoint 2003”命令，即可启动 PowerPoint 2003；双击 PowerPoint 文档或桌面上的 PowerPoint 2003 快捷方式图标，也可启动 PowerPoint 2003。

2. PowerPoint 2003 的退出

退出 PowerPoint 2003 的方法是：单击标题栏右端的“关闭”按钮；也可选择 PowerPoint 2003 窗口“文件”菜单中的“退出”命令；按快捷键“Alt + F4”。

重点 2 PowerPoint 2003 窗口

PowerPoint 2003 启动后的窗口如图 5 - 1 所示。PowerPoint 2003 窗口分为如下几个部分：标题栏、菜单栏、工具栏、状态栏及工作区。其中标题栏显示应用程序的名称和当前打开的文件名；菜单栏提供了 PowerPoint 的操作命令；工具栏以工具按钮的方式提供了常用的菜单命令；状态栏显示当前文档的部分属性或状态；工作区包括三个部分：大纲/幻灯片窗格、幻灯片窗格和备注窗格，其中幻灯片窗格是主要的编辑和显示幻灯片的区域。

重点 3 PowerPoint 2003 视图模式（难点）

PowerPoint 2003 提供了六种视图方式，分别是普通视图、幻灯片浏览视图、幻灯片放映视图、幻灯片视图、大纲视图和备注页视图。最常用的是前三种。

●普通视图：是 PowerPoint 2003 的默认视图。在不显示任务窗格时，该视图有三个窗格：左边是大纲/幻灯片窗格；右侧上部是幻灯片窗格，底部是备注窗格。拖动窗口分隔条可以调整各窗格的大小。

大纲/幻灯片窗格中包含“大纲”和“幻灯片”两个选项卡，通过单击“大纲”或“幻灯片”标签来切换。在大纲/幻灯片窗格中，按幻灯片编号顺序和幻灯片层次关系显示所有幻灯片

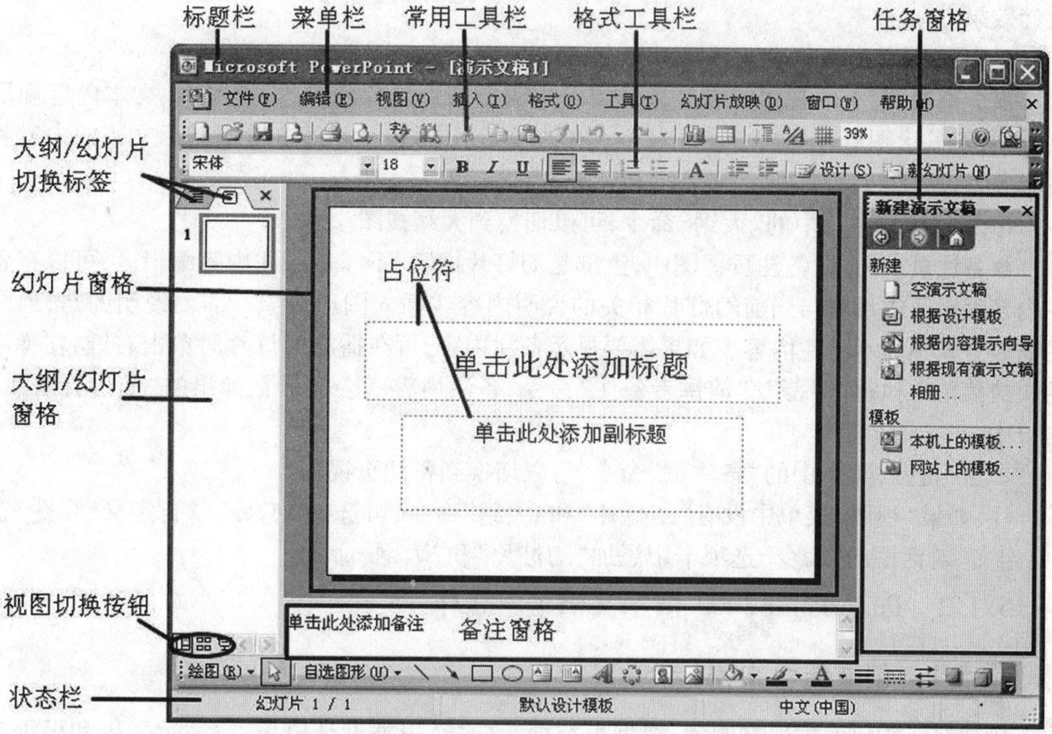

图5-1 PowerPoint 2003 窗口

的编号、缩略图等信息。单击某张幻灯片缩略图,可快速切换幻灯片,并使该幻灯片显示在幻灯片窗格中。

在幻灯片窗格中可以编辑幻灯片中的对象。如编辑文本,插入文本框、图片、表格、图表、绘图对象、电影、声音、超链接和动画等。

备注窗格用于编辑与幻灯片相关的说明。如果要在其中添加图形,必须在备注页视图下才能进行。

单击"视图"菜单中的"普通"命令或视图切换按钮区中的"普通视图"按钮,可切换到普通视图。

●幻灯片浏览视图:在此视图下,按编号顺序显示所有的幻灯片缩略图,可以看到所有幻灯片的变化过程。可以复制、删除幻灯片,调整幻灯片顺序,但不能编辑幻灯片的内容。

单击"视图"菜单中的"幻灯片浏览"命令或视图切换按钮区中的"幻灯片浏览视图"按钮,可以切换到幻灯片浏览视图。

●幻灯片放映视图:用于查看幻灯片的播放效果。在幻灯片放映视图中,不能编辑幻灯片内容,也不能移动幻灯片位置。

单击"视图"菜单中的"幻灯片放映"命令,单击"幻灯片放映"菜单中的"观看放映"命令或按F5键都可以切换到幻灯片放映视图,并从第一张幻灯片开始播放;另外,如果单击视图切换按钮,则从当前幻灯片开始播放。

●幻灯片视图:在不显示任务窗格情况下,幻灯片视图中仅有幻灯片窗格,在幻灯片窗格中仅显示当前幻灯片。此时可对演示文稿中的每一张幻灯片进行详细的设计和编辑,如键入和编辑文本、插入图片、图表、绘制图形设计背景等。还可以直接观察到幻灯片的静态设计效果。

单击“视图”菜单中的“幻灯片”命令,可以切换到幻灯片视图。

●大纲视图:大纲视图按编号显示演示文稿全部幻灯片的序号、缩略图、文本内容和层次结构,不显示图形、图像、图表等对象。在该视图下,适合从整体高度对演示文稿的内容和逻辑关系进行组织和编排。

单击“视图”菜单中的“大纲”命令,可以切换到大纲视图。

●备注页视图:在备注页视图中,上部是幻灯片内容,下部是备注内容编辑区,可以在备注内容编辑区内编辑与当前幻灯片相关的说明内容或插入图形对象。需要说明的是,通常的播放方式不显示备注内容。如果需要显示备注内容,可在播放幻灯片时单击右键,在弹出的快捷菜单中执行“屏幕”/“演讲者备注”命令,备注内容就会显示在弹出的“演讲者备注”窗口中。

单击“视图”菜单中的“备注页”命令,可以切换到备注页视图。

注:如果“视图”菜单中没有“幻灯片”和“大纲”命令,可选择“工具”/“自定义”命令,在“自定义”对话框的“命令”选项卡中添加“幻灯片”和“大纲”命令。

5.1.2 PowerPoint 2003 演示文稿基本操作

重点 1 创建演示文稿(难点)

创建演示文稿的方法有四种:根据内容提示向导、根据设计模板、空演示文稿和根据现有演示文稿。

1. 根据内容提示向导创建演示文稿

通过“内容提示向导”创建演示文稿,按向导提示操作,可快速地生成一个演示文稿基本框架,在此基础上再编辑演示文稿的具体内容。

2. 根据设计模板创建演示文稿

“模板”是指预先设计好的一些模板文档,在这些文档已经设置了幻灯片的标题格式、文本格式、背景图案、颜色搭配和动画设计等内容。操作步骤如下:

(1)单击“文件”菜单中的“新建”命令,在打开的“任务窗格”中,单击“根据设计模板”选项。

(2)在“幻灯片设计”任务窗格中,单击要应用的设计模板,即将该设计模板应用于第一张幻灯片。如果要更换模板,可以直接单击“幻灯片设计”任务窗格中其他的设计模板。

(3)插入新的幻灯片,新的幻灯片使用与第一张幻灯片相同的模板。如果要在新幻灯片中使用其他设计模板,可单击任务窗格中选定的设计模板右侧的下拉按钮,在下拉菜单中选择“应用于所选幻灯片”命令。

重复以上操作,并在每一张幻灯片中输入内容,即可创建一个新的演示文稿。

3. 创建空演示文稿

单击“新建演示文稿”任务窗格中的“空演示文稿”选项。即可创建一个空白的演示文稿。使用这种方法用户可以自己设计文本格式、背景图案、配色方案和动画方案等,可充分发挥个人的创造性。

4. 根据现有演示文稿来创建

单击“新建演示文稿”任务窗格中的“根据现有演示文稿”选项,打开“根据现有演示文稿新建”对话框，在该对话框中指定作为参考的演示文稿，单击“创建”按钮，即可在现有的演示文稿基础上进行修改，形成一个新的演示文稿。此方法可节省时间和精力。

重点 2　保存演示文稿（难点）

在新演示文稿编辑完成后，必须保存演示文稿，演示文稿的扩展名为. ppt。

新创建的演示文稿第一次保存时，可以单击常用工具栏上的保存按钮（也可单击“文件”菜单中的“保存”或“另存为”命令或按组合键 Ctrl + S），在打开的“另存为”对话框中，指定保存文件的位置，并输入新演示文稿的文件名，选择保存类型为“演示文稿”，最后单击“保存”按钮。

已有的演示文稿经再次编辑后，要保存时可以单击常用工具栏上的保存按钮，也可单击“文件”菜单中的“保存”或按组合键 Ctrl + S，此时文件以原有的文件名保存在原文件夹中。

如果要更改演示文稿名称或改变演示文稿的保存位置，可单击“文件”菜单中的“另存为”命令，在打开的“另存为”对话框中，另外指定演示文稿名称或保存位置，再单击“保存”按钮。

重点 3　打开已有的演示文稿

打开已有的演示文稿的操作方法如下：

在 PowerPoint 2003 窗口中，单击“打开”按钮，或单击“文件”菜单中的“打开”命令，利用“打开”对话框来打开演示文稿。

5.1.3　PowerPoint 2003 制作幻灯片的基本操作

重点 1　插入点与占位符

插入点是指在除了幻灯片放映视图以外的其他视图模式中，如果用鼠标单击占位符或单击幻灯片缩略图之间的空白处，所出现的黑色的闪烁着的竖线或横线。

占位符是工作区中出现的虚线矩形框，它可以容纳标题、正文以及图片、表格、图表等对象，如图 5－2 所示。

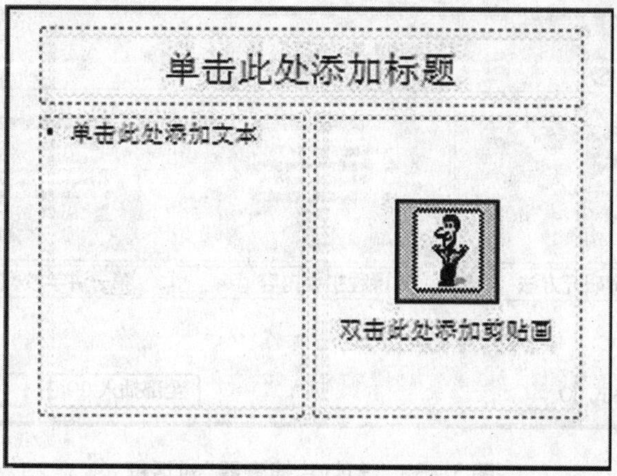

图 5－2　占位符

重点 2　幻灯片的选定

在普通视图下，单击"大纲/幻灯片"窗格中的某一张幻灯片的缩略图，该幻灯片四周即出现蓝色边框，同时幻灯片窗格中即显示该幻灯片。

单击某一张幻灯片缩略图，可以选定该幻灯片；若要选定多张连续的幻灯片，先单击第一个幻灯片，再按下 Shift 键的同时单击最后一张幻灯片；若要选定多张不连续的幻灯片，按下 Ctrl 键不松开，再单击每一张需要选择的幻灯片；单击"编辑"菜单中的"全选"命令可选中所有的幻灯片。若要取消选中状态，可单击幻灯片以外的任何空白区域。

重点 3　插入幻灯片(难点)

插入幻灯片的操作步骤如下：

1. 选定要插入新幻灯片的位置(插入的新幻灯片位置的前一张幻灯片)。

2. 单击格式工具栏上的新幻灯片按钮 

，即可在选定的幻灯片下方插入一张新幻灯片。

3. 在"幻灯片版式"任务窗格中选择需要的版式，编辑新幻灯片的内容。

另外，在大纲/幻灯片选项卡中选定一张幻灯片，按 Enter 键或单击"插入"菜单中的"新幻灯片"命令，也可插入一张新幻灯片；若要插入一张与选定的幻灯片内容相同的幻灯片，可单击"插入"菜单中的"幻灯片副本"命令。

要插入其他演示文稿中的幻灯片，操作步骤如下：

1. 选定要插入幻灯片的位置。

2. 单击"插入"菜单中的"幻灯片(从文件)"命令，打开如图 5－3 所示的"幻灯片搜索器"对话框。

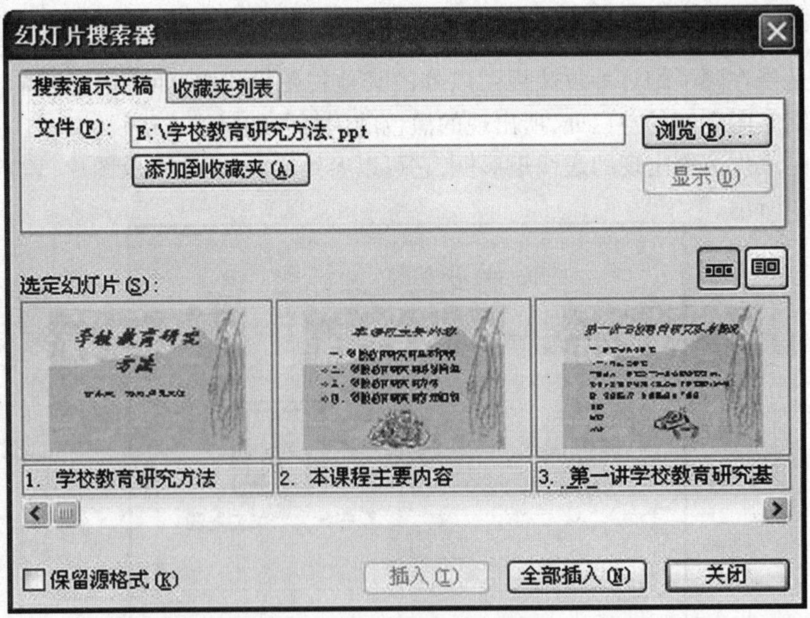

图 5－3　"幻灯片搜索器"对话框

3. 在“搜索演示文稿”选项卡中单击“文件”文本框右侧的“浏览”按钮，在打开的“浏览”对话框中指定要打开的演示文稿，单击“打开”按钮，返回“幻灯片搜索器”对话框。

4. 在“选定幻灯片”列表框中选定要插入的幻灯片，单击“插入”按钮，即可在指定位置插入选定的幻灯片。如果单击“全部插入”按钮，则插入选定的演示文稿中的所有幻灯片。

5. 单击“关闭”按钮。

重点 4　删除幻灯片

在普通视图的大纲/幻灯片选窗格中，或在幻灯片浏览视图中，选定要删除的幻灯片，按 Delete 键或使用“剪切”菜单命令即可删除选定的幻灯片。

重点 5　复制幻灯片

在 PowerPoint 2003 的普通视图、大纲视图、幻灯片视图或幻灯片浏览视图中，可以将已设计好的幻灯片复制到任意位置。其操作步骤如下：

1. 选定要复制的幻灯片。

2. 单击常用工具栏上的“复制”按钮，或单击“编辑”菜单中的“复制”命令。

3. 选择目标位置的前一张幻灯片。

4. 单击常用工具栏上的“粘贴”按钮，或单击“编辑”菜单中的“粘贴”命令即可。

更快捷的复制幻灯片的方法是：选中要复制的幻灯片，按住 Ctrl 键，用鼠标拖动要复制的幻灯片到目标位置即可。

重点 6　移动幻灯片

移动幻灯片的步骤与复制幻灯片类似，其步骤如下：

1. 选中要移动的幻灯片。

2. 单击常用工具栏上的“剪切”按钮，或单击“编辑”菜单中的“剪切”命令。

3. 选定目标位置的前一张幻灯片。

4. 单击常用工具栏上的“粘贴”按钮，或单击“编辑”菜单中的“粘贴”命令，即可将幻灯片移动到选定幻灯片之后。

也可以选中要移动的幻灯片，用鼠标将幻灯片拖动到目标位置，放开鼠标左键即可。

重点 7　文本的输入与编辑

在 PowerPoint 2003 中输入与编辑文本的操作与在 Word 中基本相同。

下面以空演示文稿为例介绍输入文字的方法：

1. 在占位符中输入和编辑文本

单击如图 5－2 所示的占位符内部区域，此时占位符中出现插入点，文本框四周出现由斜线段组成的边框和 8 个圆形空心的控制点，拖动控制点可以改变占位符的大小，拖动斜线段边框可移动占位符。此时可以输入或编辑文本。另外，利用“绘图”工具栏，还可以设置占位符的边框线的线条、颜色、粗细、填充色等进行设置。

2. 使用文本框输入和编辑文本

其操作步骤如下：

(1)单击“插入”菜单中的“文本框”命令的“水平”或“垂直”项。

(2)用拖动鼠标方法在幻灯片上拖出一个文本框。此时文本框中出现闪烁的插入点。

(3)在文本框中输入和编辑文本。

(4)双击文本框边框,打开“设置文本框格式”对话框,可设置文本框的颜色、线条、尺寸等格式。

重点8　在幻灯片中插入与编辑对象(难点)

在幻灯片中可以插入的对象主要是图片、文本框、影片和声音、表格、图表等。

1. 插入图片

以插入剪贴画为例,操作步骤如下:

(1)插入一张版式中包含剪贴画占位符的幻灯片。

(2)在幻灯片窗格中双击标有“双击此处添加剪贴画”的占位符,打开如图5-4所示的“选择图片”对话框。

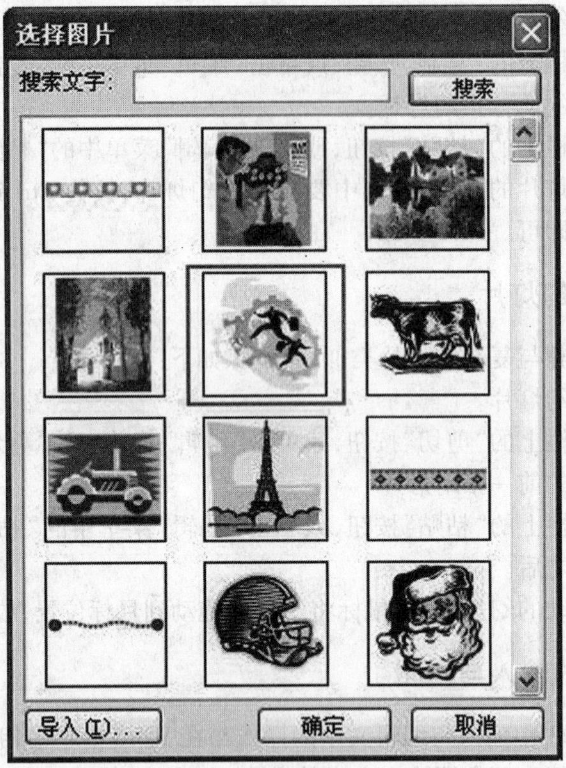

图5-4　“选择图片”对话框

(3)该对话框的列表框中显示了“Microsoft 剪辑图库”中的所有图片,为了方便查找,还可以在“搜索文字”文本框中输入代表图片类型的文字,如“动物”,单击“搜索”按钮,所有与动物有关的图片都会显示在下面的列表框中。

(4)选定一张图片,单击“确定”按钮或双击图片,都可以在指定的占位符中插入剪贴画。

(5)根据需要设置剪贴画的格式。

如果要在幻灯片中插入图片文件，可在“选择图片”对话框中单击“导入”按钮，打开“将剪辑添加到管理器”对话框，在该对话框中指定存放图片文件的文件夹，并选定所需要的图片文件，单击“添加”按钮，返回“选择图片”对话框，在其中选定新导入的图片，单击“确定”按钮即可。

2. 插入表格

插入表格的操作步骤如下：

(1)插入一张版式中包含表格占位符的幻灯片，如选择 “标题和表格”版式。

(2)双击幻灯片中标有“双击此处添加表格”的占位符，打开“插入表格”对话框。

(3)在对话框中输入表格的行数和列数，单击“确定”按钮，即可在指定的占位符中插入表格。

(4)在表格中输入数据，并对表格及数据进行格式设置。

3. 插入图表

在幻灯片中插入图表的操作步骤如下：

(1)插入一张版式为“标题，文本与图表”的幻灯片，或其他包含图表占位符版式的幻灯片。

(2)双击幻灯片中标有“双击此处添加图表”的占位符，打开如图 5－5 所示的“图表和数据表”窗口。

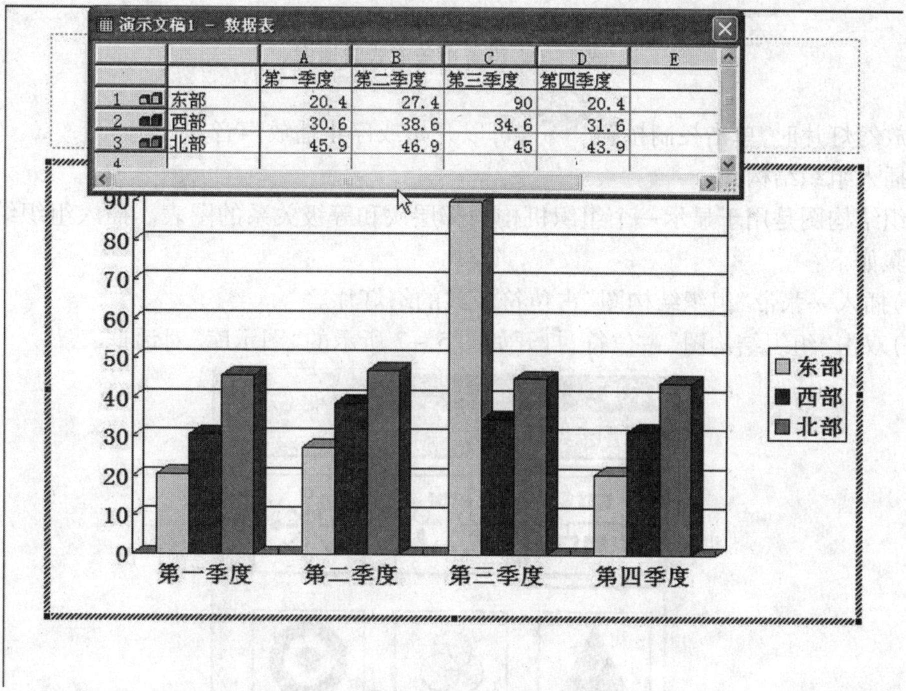

图 5－5　“图表和数据表”窗口

(3)在数据表中输入自己的数据。

(4)单击常用工具栏上的“图表类型”按钮或“图表”下拉菜单中的“图表类型”命令(插入图表后才会出现)，选择图表类型。

(5)单击数据表以外的任何地方，退出图表编辑。

插入图表后，可以调整图表的位置和大小。如果要修改图表数据，可用鼠标双击图表，数据表会再次出现，然后就可以对数据表中的数据进行修改。

4. 插入影片和声音

下面以插入声音为例来说明其操作方法，插入影片的操作基本相同。其操作步骤如下：

(1) 选定要插入声音的幻灯片。

(2) 单击"插入"菜单中的"影片和声音"命令的"文件中的声音"项，弹出"插入声音"对话框。

(3) 在"插入声音"对话框指定要插入的声音文件所在的文件夹及文件名，单击"确定"按钮，弹出如图 5－6 所示设置播放方式对话框，可根据需要单击"自动"或"在单击时"按钮，即在幻灯片插入一个控制按钮  。

图 5－6　设置播放方式对话框

播放幻灯片时，单击控制按钮 ，可以开始或停止播放声音文件。

5. 插入组织结构图

组织结构图是用于显示一个组织机构内部层次和等级关系的图表。插入组织结构图的操作步骤如下：

(1) 插入一张带"组织结构图"占位符版式的幻灯片。

(2) 双击"组织结构图"占位符，打开如图 5－7 所示的"图示库"对话框。

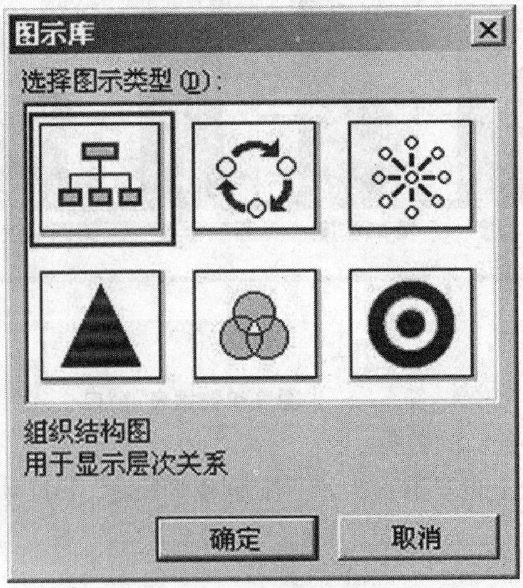

图 5－7　"图示库"对话框

(3)选择图示类型中“组织结构图”,单击“确定” 按钮,即可在幻灯片中插入了一个组织结构图,同时显示“组织结构图” 工具栏。

(4)根据需要在组织结构图中的“单击此处添加文本”处输入文本,利用“组织结构图”工具栏设置组织结构图的位置、大小、边框等。

值得注意的是,在幻灯片中除了可以插入以上介绍的各种对象外,还可以插入艺术字,文本框,自选图形等。同时,在具体操作中还可以利用绘图工具栏或“插入”菜单中的相应按钮或命令来操作,操作方法与步骤和在 Word 文档中的操作方法是一致的,在此不另外介绍。

5.1.4　幻灯片外观设置

如果要对个别幻灯片外观作局部或整体的调整,可通过设置幻灯片背景、设计配色方案、应用设计模板或修改幻灯片母版等方法进行。

重点 1　设置幻灯片的背景(难点)

设置幻灯片背景的操作步骤如下:

1. 在普通视图中选定要设置背景的幻灯片。

2. 单击“格式”菜单中的“背景”命令,打开如图 5-8 所示的“背景”对话框。

3. 单击“背景填充”栏下部的下拉按钮,在下拉列表中选择一种颜色背景颜色,也可以单击“其他颜色”选项,打开“颜色”对话框,选择其他颜色后再单击“确定”按钮返回。

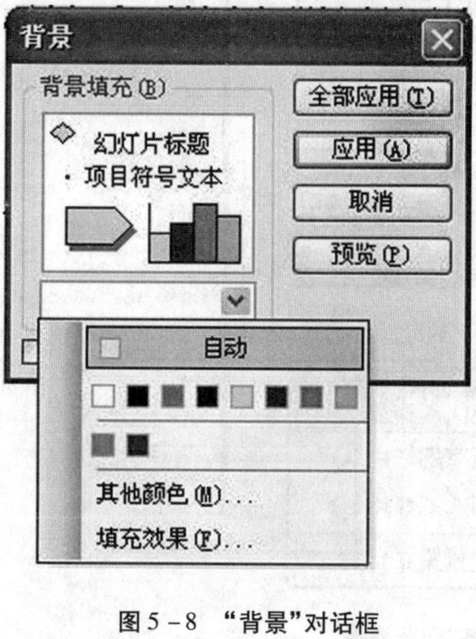

图 5-8　“背景”对话框

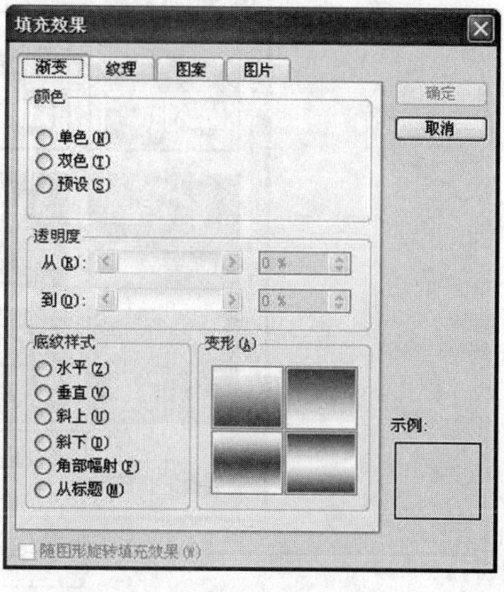

图 5-9　“填充效果”对话框

4. 要设置背景填充效果,可单击“背景填充”栏下的下拉列表中的“填充效果”选项,打开如图 5-9 所示的“填充效果”对话框,在“渐变”选项卡中选择填充效果,单击“确定”按钮返回“背景”对话框。另外,还可以在“纹理”、“图案”或“图片”选项卡中直接将一种纹理、图案或图片作为幻灯片的背景。

5. 设置完毕,在“背景”对话框,单击“应用”按钮,设置的背景应用到选定的幻灯片中;单击“全部应用”按钮,将应用到所有的幻灯片中。

虽然不同的幻灯片可以设置不同的背景,但是一般情况下,演示文稿的制作要求要有整体一致的风格。

重点2　应用配色方案(难点)

配色方案中包括“背景”、“文本和线条”、“阴影”、“标题文本”、“填充”、“强调文字和超链接”、“强调文字和已访问的超级链接”等八种对象的颜色。调整配色方案的操作如下:

●使用标准配色方案

1. 打开演示文稿,在普通视图中选定要调整配色方案的幻灯片。

2. 打开“幻灯片设计”任务窗格,单击其中的“配色方案”选项,打开如图5-10所示的“配色方案”任务窗格。

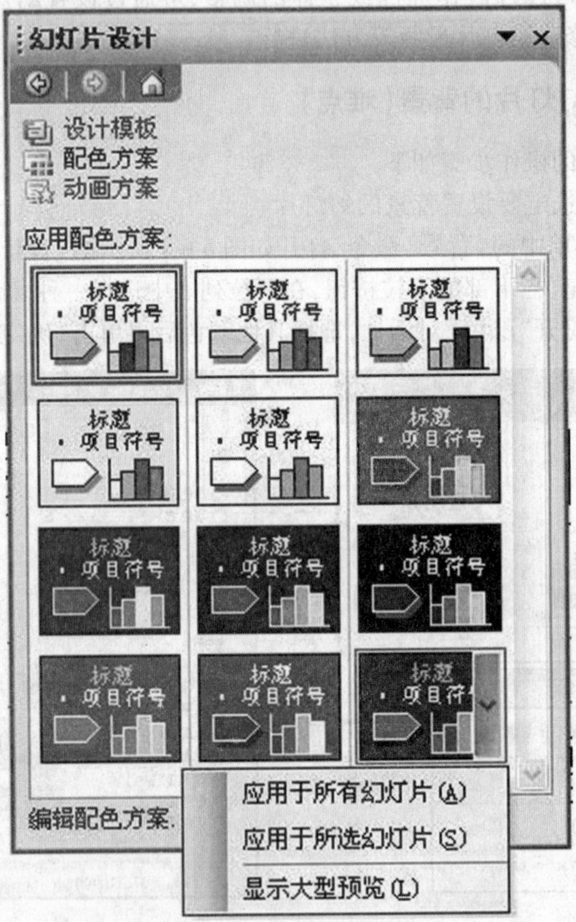

图5-10　“配色方案”任务窗格

3. 在“应用配色方案”列表框中列出了标准配色方案,单击其中一种配色方案,可将所选的配色方案应用于演示文稿中所有的幻灯片。

如果只为选定的幻灯片应用某种配色方案,可单击配色方案缩略图右侧的下拉按钮,在弹出的菜单中,选择“应用于所选幻灯片”命令即可。

●使用自定义配色方案

自定义配色方案的操作如下:

1. 打开要应用自定义配色方案的演示文稿。

2. 打开“配色方案”任务窗格。

3. 选择“应用配色方案”中的一种配色方案，单击任务窗格下方的“编辑配色方案”命令，打开如图 5－11 所示的“编辑配色方案”对话框。

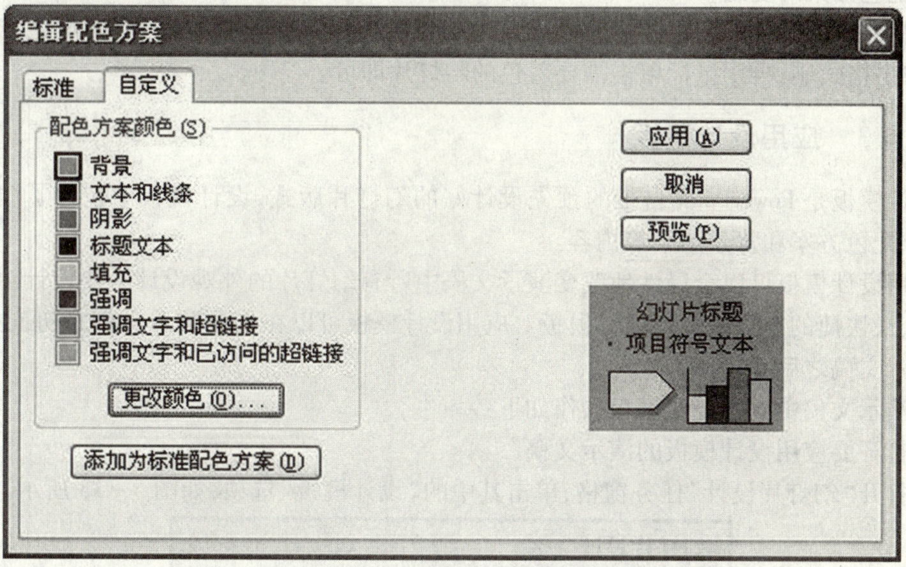

图 5－11　“编辑配色方案”对话框“自定义”选项卡

4. 单击“自定义”选项卡，在“配色方案颜色”框中显示了所选择的配色方案中的 8 种对象，每种对象名称左侧的方形按钮中的颜色代表该对象在幻灯片中的颜色。

5. 若要更改某一对象的颜色，可单击该对象左侧的按钮，再单击“更改颜色”按钮，弹出如图 5－12 所示的“背景色”对话框，在其中选择一种颜色，单击“确定”按钮返回到“编辑配色方案”对话框。

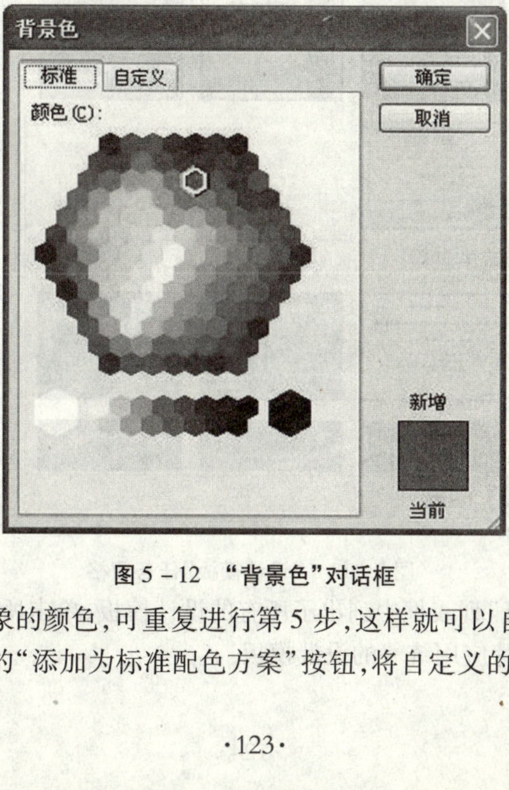

图 5－12　“背景色”对话框

6. 若要更改其他对象的颜色，可重复进行第 5 步，这样就可以自己定义一种配色方案。还可单击对话框左下部的“添加为标准配色方案”按钮，将自定义的配色方案设置为标准的配色方案。

7. 设置完毕,单击"应用"按钮,可将修改好的配色方案应用到幻灯片中。

●配色方案的复制

要将一张幻灯片的配色方案应用于其他幻灯片中,可选定包含所需要的配色方案的幻灯片,单击格式刷,再用鼠标单击需要着色的幻灯片即可。

重点 3　应用设计模板

设计模板是 PowerPoint 自带的预先设计好的幻灯片版式,设计模板中包含了演示文稿的模板、配色方案和背景图案等内容。

应用设计模板可以全局性地改变演示文稿中所有幻灯片的外观设计。要设计演示文稿的外观,最快捷的方法是使用设计模板。应用设计模板可以在创建演示文稿之初,也可以在创建演示文稿之后。

在演示文稿中应用设计模板操作如下:

1. 打开要应用设计模板的演示文稿。

2. 打开"幻灯片设计"任务窗格,单击其中的"设计模板"选项,如图 5－13 所示。

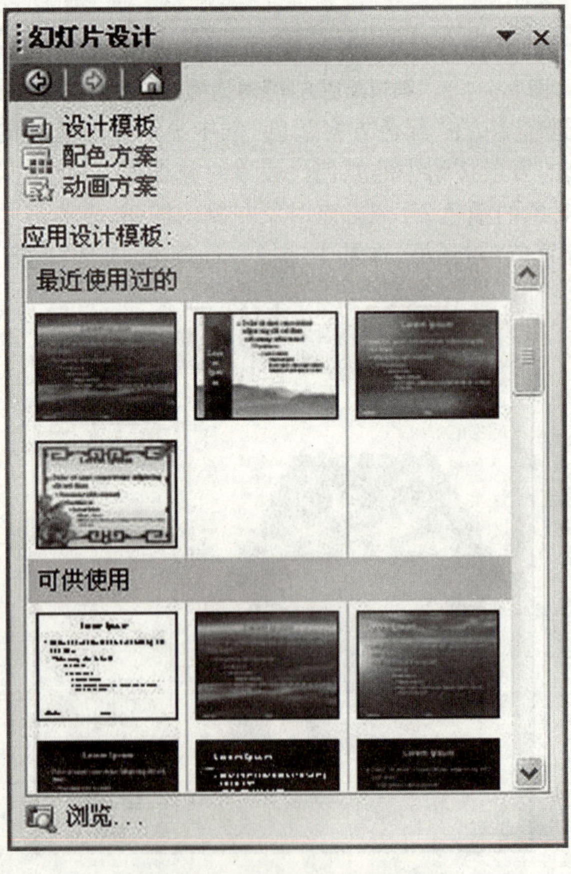

图 5－13　"设计模板"任务窗格

3. 在"应用设计模板"列表框中列出了所有的设计模板,单击所需的设计模板,即可为整个演示文稿所有的幻灯片应用统一的设计模板。

4. 如果只给选定的幻灯片应用某种设计模板，可单击该设计模板缩略图右侧的下拉按钮，在弹出的下拉菜单中，选择“应用于选定幻灯片”命令。

重点 4　幻灯片母版（难点）

PowerPoint 2003 的母版包括幻灯片母版、讲义母版和备注母版三种类型。

幻灯片母版又包括标题母版和幻灯片母版两种，幻灯片母版存储了演示文稿中的一些统一的信息，包括文本及其格式、占位符的大小和位置、背景和配色方案等。用户可以自己定义幻灯片母版，所定义的幻灯片母版格式将在演示文稿中的每一张幻灯片中反映出来。利用幻灯片母版可以快速地对所创建的演示文稿在排版和外观上做统一的调整。标题母版用于控制标题幻灯片外观。

演示文稿可以按讲义的格式打印出来供听众使用，讲义母版主要用于设置打印演示文稿。

备注母版用于设置备注的格式，如果要打印备注内容，就需要在“打印预览”窗口的“打印内容”下拉列表框中选择“备注页”选项。

下面以幻灯片母版为例，说明利用母版统一调整幻灯片外观的方法：

打开要应用幻灯片母版格式的演示文稿，单击“视图”菜单中“母版”命令的“幻灯片母版”选项，进入如图 5－14 所示的“幻灯片母版”视图。

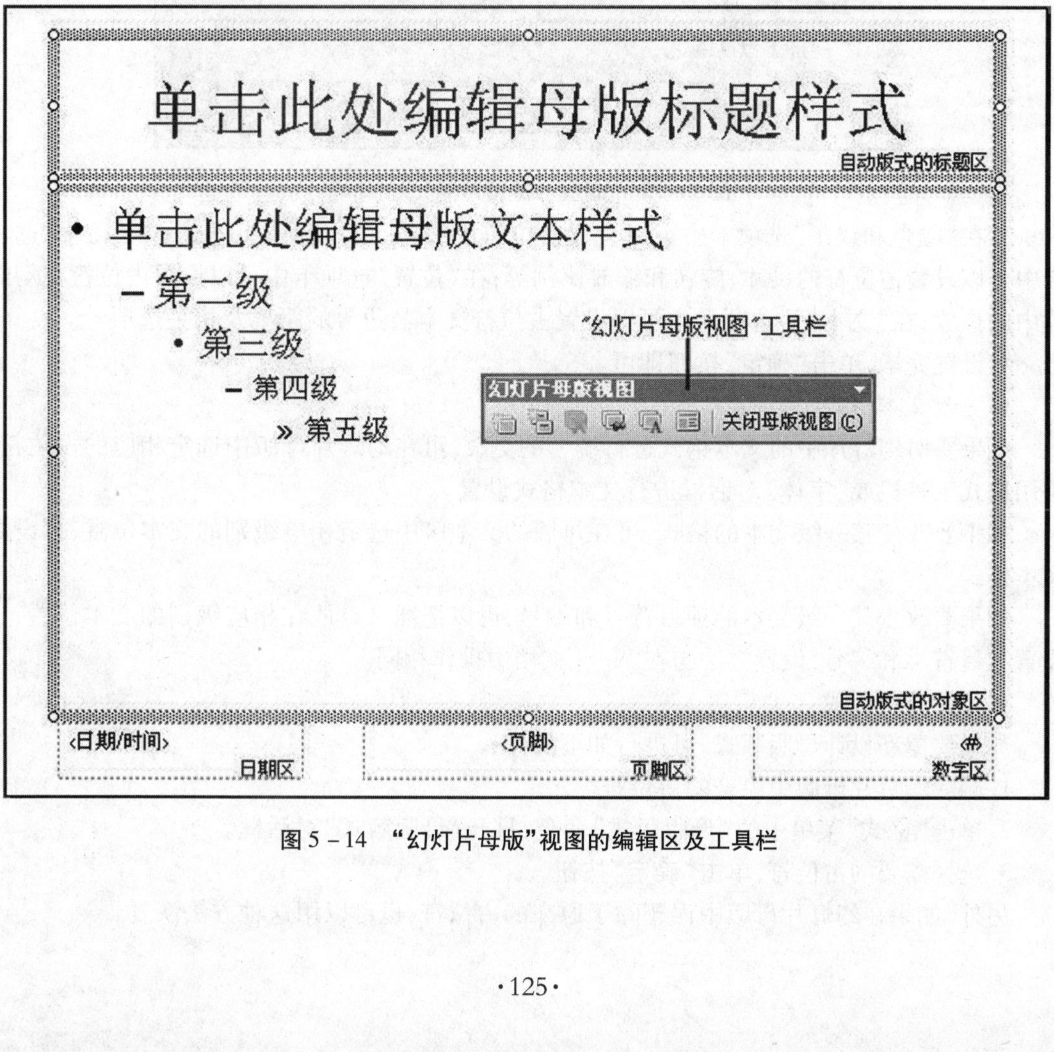

图 5－14　“幻灯片母版”视图的编辑区及工具栏

●更改占位符的格式

1. 在幻灯片母版中选择要更改的占位符。

2. 单击“格式”菜单中的“占位符”命令，打开如图 5－15 所示的“设置自选图形格式”对话框。

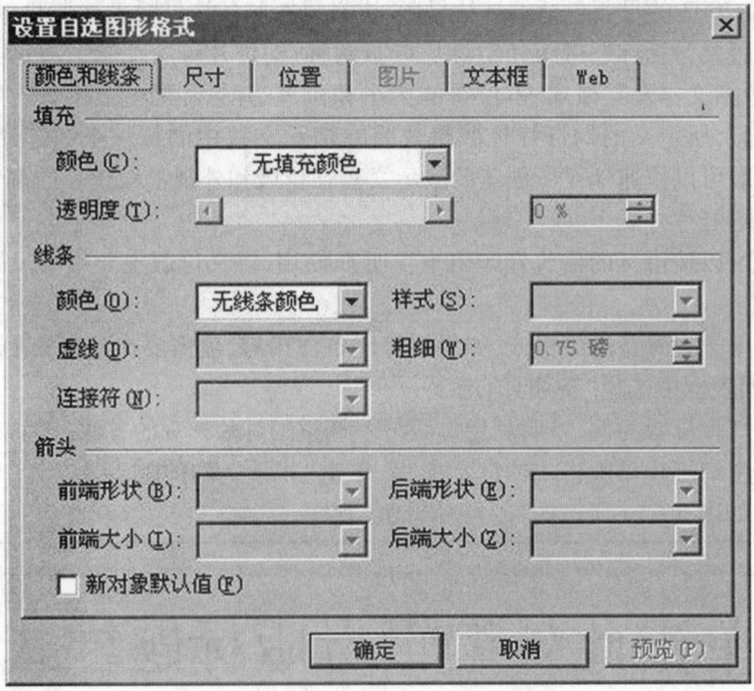

图 5－15 “设置自选图形格式”对话框

3. 在“颜色和线条”选项卡中可以设置占位符的线条、填充和箭头样式；在“尺寸”选项卡中可以设置占位符的尺寸、旋转和缩放比例等；在“位置”选项卡中可以设置占位符在幻灯片中的位置；在“文本框”选项卡中可以设置占位符文本与边界的距离及相关选项。

4. 设置完毕，单击“确定”按钮即可。

●更改文本格式

如果要对幻灯片中的文本格式进行统一的更改，可在幻灯片母版中选定相应的占位符，利用格式工具栏或“字体”对话框进行文本格式设置。

如果要改变某一级文本的格式，可在母版的文本区中选定相应级别的文本位置，再设置文本格式。

如果要改变某一级文本的项目符号和编号，可以把插入点放在相应级别的文本位置，再设置项目符号和编号，设置方法与在 Word 文档中操作相同。

●设置母版版式

如果要重新设计母版版式，可进行如下操作：

1. 删除幻灯片母版中原来的占位符。

2. 单击“格式”菜单中的“母版版式”命令，打开“母版版式”对话框。

3. 选择需要的占位符，单击“确定”按钮。

另外，如果在幻灯片母版中误删除了原来的占位符，也可以用这种方法恢复。

●向母版中插入对象

使用“插入”菜单中的相应命令就可以在幻灯片母版中插入图片等对象。

●设置标题母版

如果需要设置幻灯片标题母版，可以单击“幻灯片母版视图”工具栏中的“插入新标题母版”按钮，即在左窗格中添加了一张标题母版，右窗格显示该标题母版，在右窗格中可以对标题母版中的占位符、文本格式等进行设置。

对幻灯片母版或标题母版进行设置完毕后，单击“幻灯片母版视图”工具栏中的“关闭母版视图”按钮，返回幻灯片编辑状态，此时可以看到所有的幻灯片外观都发生了变化。

5.1.5　PowerPoint 2003 **演示文稿的放映**

重点1　幻灯片的切换

幻灯片切换是指在播放演示文稿时，由一张幻灯片更换到下一张幻灯片的方式。设置方法如下：

1. 打开演示文稿。

2. 选择要设置切换效果的一张或若干张幻灯片。

3. 单击“幻灯片放映”菜单中的“幻灯片切换”命令，打开如图5－16所示的任务窗格。

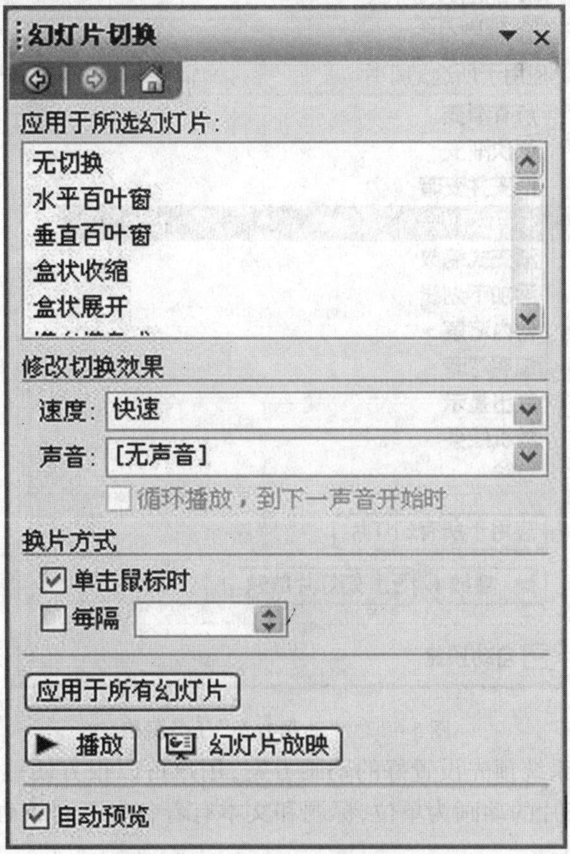

图5－16　“幻灯片切换”任务窗格

4. 在“应用于所选幻灯片”列表框中选择一种切换效果；在“修改切换效果”下的“速度”下拉列表框中选择切换速度，在“声音”下拉列表框中选择一种声音效果。在“换片方式”选项组中，如果选择“单击鼠标时”，表示只有在单击鼠标左键时才切换幻灯片，如果想要自动切换幻灯片，可选择“每隔”复选框，在其右侧的数值框中输入具体的秒数，表示每隔指定的秒数就自动切换幻灯片。

5. 如果选择“自动预览”复选框，则在设置每一个项目时都可以预览设置效果。如果没有选择“自动预览”，可单击“播放”按钮预览。

6. 如果要将所设置的切换效果应用于所有幻灯片，可单击“应用于所有幻灯片”按钮。否则此切换效果只应用于选定的幻灯片。

重点2　幻灯片动画效果的设置(难点)

设置幻灯片的动画效果可以选择使用“动画方案”或“自定义动画”。

●使用动画方案

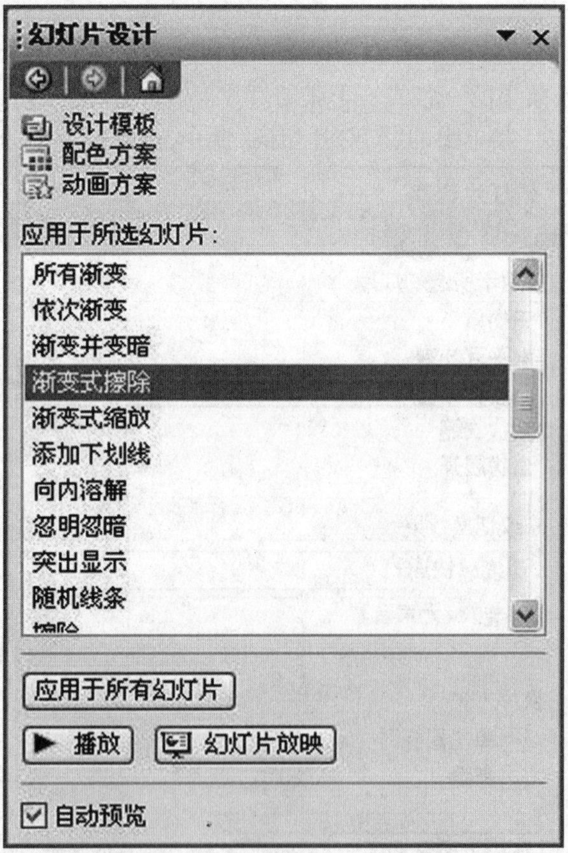

图5－17　“动画方案”任务窗格

“动画方案”是指系统预先设置好的动画方案，用户可以很方便地直接选择使用，“动画方案”通常以整张幻灯片的动画为单位，标题和文本有着各自不同的动画效果。设置动画方案的操作如下：

1. 打开演示文稿，选定要应用动画方案的幻灯片。

2. 单击“幻灯片放映”菜单中的“动画方案”命令,出现如图5-17所示的“动画方案”任务窗格。

3. 在“应用于所选幻灯片”列表框中选择一种动画方案。

选择自动预览选项或单击“播放”按钮可预览动画效果。

在选择动画方案时,如果选择“无动画”,则可以删除幻灯片的动画方案;如果用鼠标指针指向动画方案的名称并稍作停留,在鼠标指针的下方会出现该动画方案的说明。例如:标题用什么动画,正文用什么动画,让用户了解具体的动画效果。

4. 设置完毕,若想让所有的幻灯片都使用所选择的动画方案,可单击“应用于所有幻灯片”按钮;否则所选动画方案只应用于选定的幻灯片。

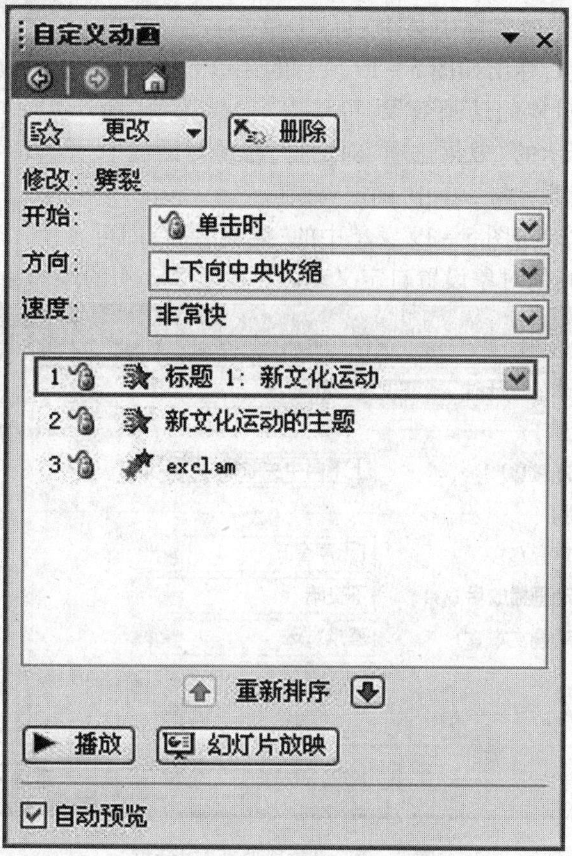

图5-18 “自定义动画”任务窗格

●使用自定义动画

使用自定义动画,可以分别设置幻灯片中各种对象的动画和声音效果,使演示文稿的播放更加生动。使用自定义动画的具体操作如下:

1. 打开演示文稿,单击“幻灯片放映”菜单中的“自定义动画”命令。打开如图5-18所示的“自定义动画”任务窗格。

2. 选择幻灯片中要添加动画效果的对象。

单击“添加效果”按钮,弹出下拉列表,选择“进入”(或其他)命令,弹出级联菜单,在级联菜单中选择所需要的动画效果即可。

如果选择“进入”级联菜单中“其他效果”选项，则打开“添加进入效果”对话框，在其中的列表框中选择一种动画效果，如果选择该对话框左下角的“预览效果”复选框，则可即时查看动画效果。

对于幻灯片中已经设置了自定义动画效果的对象，在幻灯片窗格中会按照设置动画的顺序标注序号，同时在任务窗格的“自定义动画”列表框中也按添加动画的顺序列出了动画项目序列。

3. 在“修改”项目中的“开始”、“方向”、“速度”等下拉列表中可以设置对象动画的开始方式，运动方向和速度。

4. 在“自定义动画”列表框中某个项目上单击右键，或单击项目右侧的下拉按钮，弹出如图 5－19 所示的菜单。

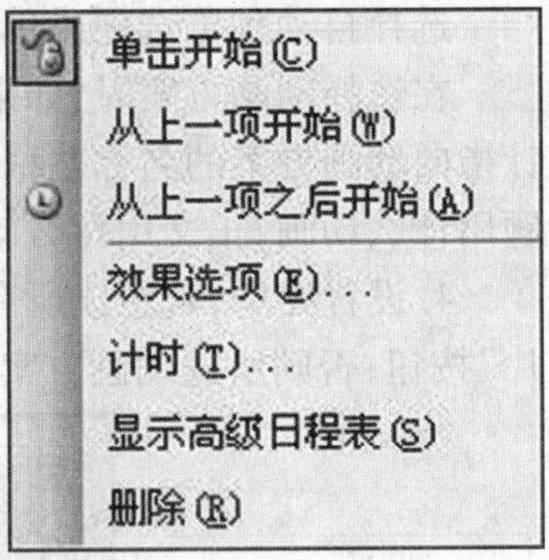

图 5－19　动画项目下拉菜单

若要进一步设置对象的动画效果，可单击“效果选项”命令，打开如图 5－20 所示的“效果选项”对话框，在此对话框中进行更详细的设置，设置完毕，单击“确定”按钮。

若要删除该动画，单击图 5－19 菜单中的“删除”命令即可。

5. 对幻灯片中的其他对象设置自定义动画可重复 2、3、4 的操作，直到设置完成。

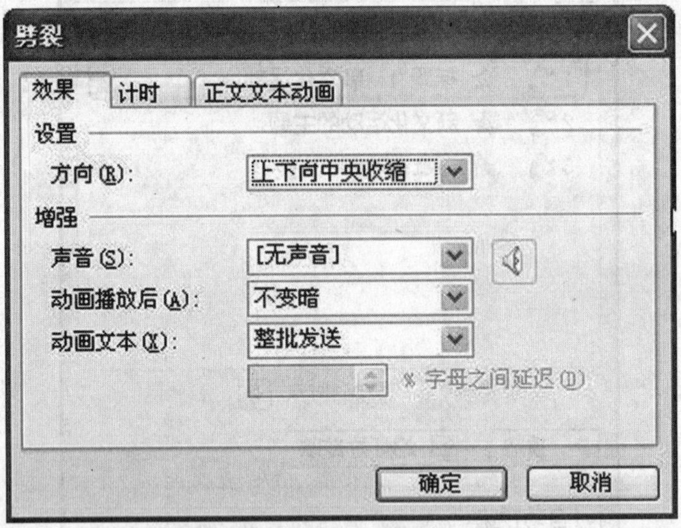

图 5－20　“效果选项”对话框

重点 3　插入超级链接(难点)

插入超级链接的操作如下：

1. 选中要插入链接的对象，单击“插入”菜单中的“超链接”命令，打开如图 5－21 所示的“编辑超链接”对话框。

2. 若要链接到本文档中的位置，可单击对话框左侧“链接到”列表框中的“本文档中的位置”，在“请选择文档中的位置”列表框中选择某张幻灯片；若要链接到其他文档或 Web 页，可单击对话框左侧列表框中的“原有文件或网页”项，然后直接在“地址”文本框中输入要链接的文件路径或 Web 页地址。

图 5－21　“编辑超链接”对话框

3. 设置完毕,单击“确定”按钮。

重点 4　添加动作按钮(难点)

添加动作按钮的操作步骤如下:

1. 打开演示文稿,选定要添加动作按钮的幻灯片。

2. 在“幻灯片放映”菜单中“动作按钮”命令下的“动作按钮”子菜单中选一个动作按钮。

3. 在幻灯片上合适的位置拖动鼠标,画出适当大小的按钮后松开鼠标左键,此时会自动弹出如图 5－22 所示的“动作设置”对话框。

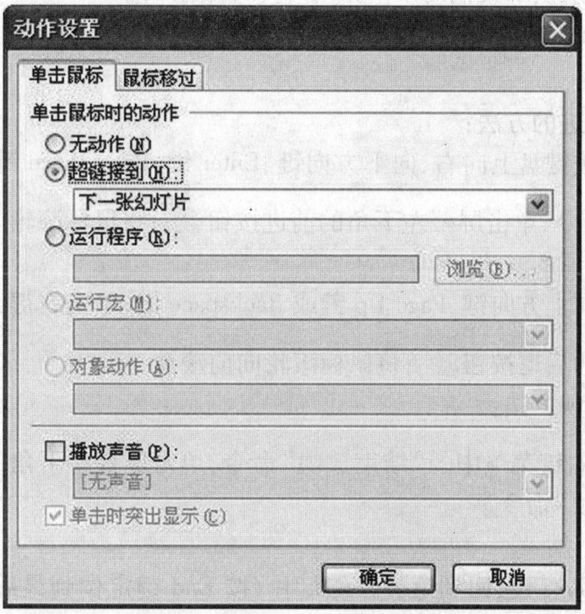

图 5－22　“动作设置”对话框

4. 在“单击鼠标”选项卡中的“单击鼠标时的动作”组下，若选择“无动作”，表示用鼠标单击该按钮时无任何作用；若选择“超链接到”项，并在其下方的下拉列表框中选择某个项目，则表示单击该按钮时跳转到该项目；若选择“运行程序”并在其下方的文本框内指定某程序，则表示单击该按钮时打开该程序，同时不关闭演示文稿。在该选项卡中还可以设置单击按钮时的声音。

在“鼠标移过”选项卡中，可定义鼠标移过该按钮时发生的动作。

5. 单击“确定”按钮。

重点5　演示文稿的放映

●演示文稿的放映类型

演示文稿的放映类型有以下三种：

“演讲者放映”：指由演讲者控制幻灯片的放映过程，使用全屏幕显示演示文稿，是常用的放映方式。

“观众自行浏览”：是指以小型窗口的方式放映演示文稿，可利用滚动条切换幻灯片。

“在展台浏览”：是指在公共场所无人管理的情况下自动循环播放演示文稿。

默认情况下，演示文稿采用“演讲者放映”，并通过单击鼠标切换幻灯片。

如果需要改变放映类型，可单击“幻灯片放映”菜单中的“设置放映方式”命令，在打开的“设置放映方式”对话框中进行选择。

●控制幻灯片放映

1. 要播放幻灯片，可使用如下方法：

单击“幻灯片放映”菜单的“观看放映”命令，单击“视图”菜单的“幻灯片放映”命令；按F5键。

以上三种方法都从演示文稿的第一张幻灯片开始放映。

若单击幻灯片切换按钮中的幻灯片放映按钮或按Shift + F5键，则从当前幻灯片开始放映。

2. 控制幻灯片前进的方法：

单击鼠标左键；按键盘上向右、向下方向键、Enter键、Page Down键或空格键；单击右键菜单中的“下一张”命令；单击屏幕左下角的前进按钮；将鼠标滚轮向后滚动。

3. 控制幻灯片后退的方法：

按键盘上向左、向上方向键、Page Up键或Backspace键；单击右键菜单中的“上一张”命令；单击屏幕左下角的后退按钮；将鼠标滚轮向前滚动。

4. 结束幻灯片放映方法：

按ESC键；单击右键菜单中的“结束放映”命令，单击屏幕左下角的按钮，在弹出的菜单中单击“结束放映”命令。

5. 控制幻灯片定位：

按下键盘上的Home键，回到第一张幻灯片；按End键定位到最后一张幻灯片；若要定位到其他的幻灯片，可单击右键，在右键菜单中选择“定位至幻灯片”命令的下级菜单中显示的某一个幻灯片序号，即可定位到该幻灯片。

●隐藏或显示幻灯片

对于演示文稿中的某些幻灯片，如果在地特定的场合播放时不希望它们出现，用户可以将这些幻灯片标记为隐藏，被隐藏的幻灯片仍保留在演示文稿中，只是在放映演示文稿时不被显示，需要时仍然可以放映出来。具体操作如下：

在普通视图下，在“大纲/幻灯片”窗格中选定要隐藏的幻灯片，单击“幻灯片放映”菜单中的“隐藏幻灯片”命令即可在播放演示文稿时不显示该幻灯片。也可以在“大纲/幻灯片”窗格中右击需要隐藏的幻灯片，再单击快捷菜单中的“隐藏幻灯片”命令。

如果要将隐藏的幻灯片在播放时显示出来，可在“大纲/幻灯片”窗格中选定已隐藏的幻灯片，单击“幻灯片放映”菜单中的“隐藏幻灯片”命令即可。

●设置幻灯片放映计时

设置幻灯片放映计时方法有两种：人工设置放映时间和排练计时。

人工设置放映时间是指在“幻灯片放映”对话框中设置每一张幻灯片放映的时间。具体操作步骤如下：

1. 打开演示文稿，选择需要设置放映时间的幻灯片。

2. 单击“幻灯片放映”菜单中的“幻灯片切换”命令，打开“幻灯片切换”任务窗格。

3. 在“换页方式”选项组中选择“每隔”复选框，并在其右侧数值框中输入具体秒数。

4. 如果要将所设定的时间应用于所有的幻灯片，可单击任务窗格下部的“应用于所有幻灯片”按钮，否则此设置只应用于选定的幻灯片。如果希望控制幻灯片的换页方式更加灵活，如希望单击鼠标或经过预定的时间都可以换页，可同时选定“单击鼠标换页”和“每隔”复选框并设定时间。

5.1.6　PowerPoint 2003 演示文稿的打印和打包

重点 1　演示文稿的打印

演示文稿制作完成后，用户可根据需要将演示文稿打印出来。打印前要进行页面设置。

●页面设置

其操作步骤如下：

1. 打开要设置页面的演示文稿。

2. 单击“文件”菜单中的“页面设置”命令，出现 “页面设置”对话框，如图 5－23 所示。

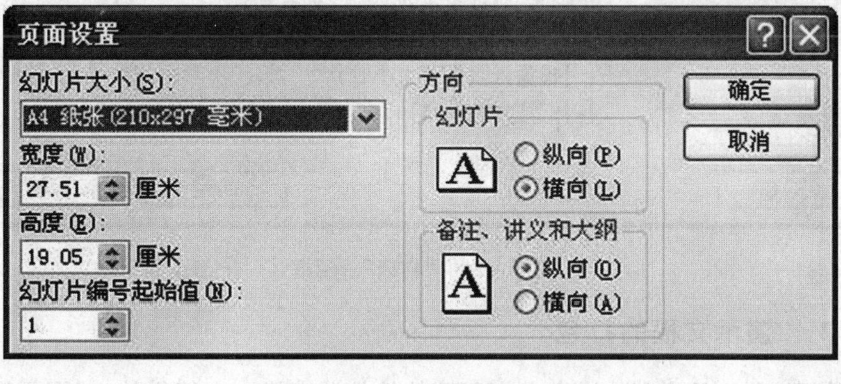

图 5－23　“页面设置”对话框

3. 在“幻灯片大小”下拉列表框中选择一种幻灯片尺寸；也可以自定义尺寸。
4. 在“幻灯片编号起始值”文本框中输入起始编号。
5. 在“方向”选项区指定幻灯片、备注、讲义和在纲的打印方向。
6. 设置完成后，单击“确定”按钮。

●打印操作

设置好幻灯片打印尺寸后，就可以打印了。操作方法如下：

1. 打开需要打印的演示文稿。
2. 单击“文件”菜单中的“打印”命令，打开如图 5 – 24 所示的“打印”对话框。
3. 在“打印范围”中指定要打印的幻灯片范围。
4. 在“打印内容”下拉列表中指定要打印的内容。
5. 在“打印份数”文本框中设定要打印的份数。
6. 在“每页幻灯片数”下拉列表框中指定每张纸要打印的幻灯片张数。
7. 设置完毕，单击“确定”按钮开始打印。

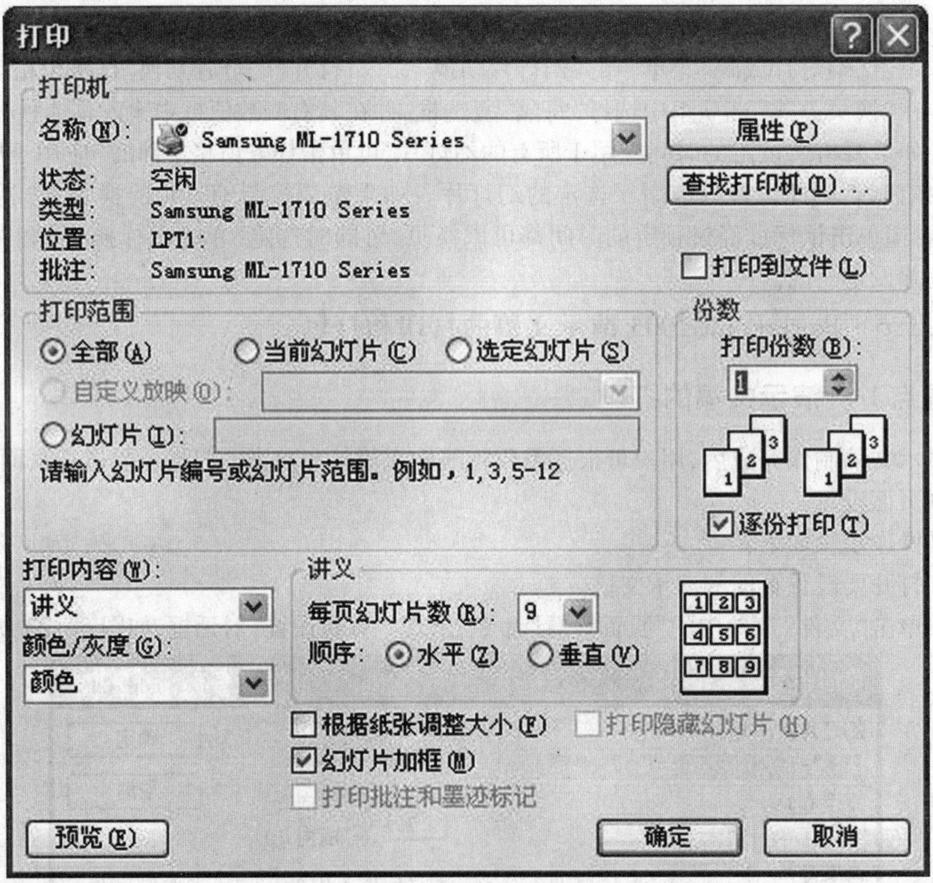

图 5 – 24 “打印”对话框

重点 2 演示文稿的打包

如果希望演示文稿在其他没有安装 PPT 软件的计算机上也能播放，就需要将演示文稿打包。将演示文稿打包的方法是：

1. 单击“文件”菜单中的“打包成 CD”命令，弹出“打包成 CD”对话框。

2. 单击对话框中“复制到文件夹”按钮，弹出“复制到文件夹”对话框，在其中指定文件夹名称以及该文件夹保存的位置，单击“确定”按钮即开始打包文件。

3. 打包完毕，单击“打包成 CD”对话框中的“关闭”按钮。此时 PPT 已经将该演示文稿和与之关联的文件都复制到指定的文件夹中，同时创建了 ppt 播放器和自动运行文件，如果将该文件夹复制到其他计算机中，双击该文件夹内的 play. bat 文件即可播放演示文稿。

5.2　综合练习

5.2.1　选择题

1. 启动 PowerPoint 2003 的正确操作方法是(　　)。

A. 单击“开始”菜单中的“文档”子菜单中的“Microsoft PowerPoint”命令

B. 单击“开始”菜单中的“查找”子菜单中的“Microsoft PowerPoint”命令

C. 单击“开始”菜单中的“程序”子菜单中的“Microsoft PowerPoint”命令

D. 单击“开始”菜单中的“设置”子菜单中的“Microsoft PowerPoint”命令

2. 如果要关闭演示文稿，但不退出 PowerPoint 2003，可以(　　)。

A. 单击“文件”菜单中的“关闭”　　B. 单击“文件”菜单中的“退出”

C. 单击 PowerPoint 2003 标题栏“关闭”按钮　　D. 双击窗口左上角“控制菜单”按钮

3. 在 PowerPoint 2003 中，如果要关闭演示文稿，同时退出 PowerPoint 2003，可以(　　)。

A. 单击“文件”菜单中的“关闭”　　B. 单击“文件”菜单中的“退出”

C. 单击“关闭窗口”按钮　　D. 单击窗口左上角“控制菜单”按钮

4. 在 PowerPoint 2003 中用以显示文档名的是(　　)。

A. 常用工具栏　　B. 菜单栏　　C. 标题栏　　D. 状态栏

5. PowerPoint 2003 窗口的组成部分不包括(　　)。

A. 标题栏　　B. 菜单栏　　C. 工具栏　　D. 数据编辑区

6. PowerPoint 2003 演示文稿的扩展名是(　　)。

A. . POT　　B. . PPT　　C. . DOC　　D. . PPS

7. 在 PowerPoint 2003 窗口中左下角的视图切换按钮有(　　)。

A. 4 个　　B. 5 个　　C. 6 个　　D. 3 个

8. PowerPoint 2003 的视图包括(　　)。

A. 普通视图、大纲视图、幻灯片浏览视图、讲义视图

B. 普通视图、大纲视图、幻灯片视图、幻灯片浏览视图、讲义视图

C. 普通视图、大纲视图、幻灯片浏览视图、备注页视图

D. 普通视图、大纲视图、幻灯片视图、幻灯片浏览视图、幻灯片放映、备注页视图

9. 在 PowerPoint2003 中，普通视图包含 3 个窗格，但不包括(　　)。

A. 幻灯片窗格　　B. 摘要窗格　　C. 备注窗格　　D. 大纲/幻灯片窗格

10. PowerPoint 2003 中，放映幻灯片的快捷键为(　　)。

A. F1　B. F5　C. F7　D. F8

11. PowerPoint 2003 是(　　)方面的应用软件。

A. 数据库　B. 电子表格　C. 图文处理　D. 程序设计

12. PowerPoint 2003 是一个集成软件(　　)的一部分。

A. MS Windows 2003　B. MS Word 2003　C. MS Office 2003　D. MS Excel 2003

13. 在 PowerPoint 2003 的大纲视图中不可以进行的操作是(　　)。

A. 删除幻灯片　B. 移动幻灯片

C. 编辑幻灯片内容　D. 设置幻灯片的动画

14. 在 PowerPoint 2003 的幻灯片浏览视图中不可以进行的操作是(　　)。

A. 删除幻灯片　B. 移动幻灯片

C. 编辑幻灯片内容　D. 设置幻灯片的放映方式

15. 在 PowerPoint 2003 中打开文件,以下正确的是(　　)。

A. 只能打开一个文件　B. 最多能打开四个文件

C. 能打开多个文件,但不能同时打开它们　D. 能同时打开多个文件

16. 插入"幻灯片(从文件)"命令主要用于(　　)。

A. 从其他演示文稿中获取幻灯片　B. 从其他文本文件中获取幻灯片

C. 从当前演示文稿中获取幻灯片　D. 从其他文档中获取图片

17. 在 PowerPoint 2003 中,以下说法中正确的是(　　)。

A. 只有在"普通"视图中才能插入新幻灯片

B. 只有在"大纲"视图中才能插入新幻灯片

C. 只有在"幻灯片浏览"视图中才能插入新幻灯片

D. 在"普通"、"大纲"、"幻灯片浏览"视图中都可以插入新幻灯片

18. 在 PowerPoint 2003 的"幻灯片浏览"视图中,要用拖动鼠标的方法复制幻灯片时,就要同时按住(　　)。

A. Delete　B. Ctrl　C. Shift　D. Esc

19. 在幻灯片浏览视图中,用鼠标单击同时选定多张幻灯片时,要按住(　　)。

A. Delete　B. Ctrl　C. Alt　D. Esc

20. 在播放演示文稿时,如果要从第 3 张幻灯片跳到第 7 张幻灯片,应选择右键菜单中的(　　)命令。

A. 预设动画　B. 下一张　C. 上一张　D. 定位至幻灯片

21. 在编辑演示文稿中幻灯片的内容时,最常用的视图方式是(　　)。

A. 普通视图　B. 备注页视图　C. 幻灯片浏览视图　D. 幻灯片放映视图

22. 默认情况下,PowerPoint 2003 预设的标准配色方案有(　　)种。

A. 9　B. 10　C. 11　D. 12

23. 关于 PowerPoint 2003 的配色方案正确的描述是(　　)。

A. 配色方案的颜色用户不能更改

B. 配色方案只能应用到某张幻灯片

C. 配色方案不能删除

D. 应用新配色方案,不会改变进行了单独设置颜色的幻灯片颜色

24. 在 PowerPoint 2003 中,取消幻灯片中的对象的动画效果可通过执行(　　)命令来实现。

A. “幻灯片放映”中的“自定义动画”　　B. “幻灯片放映”中的“预设动画”
C. “幻灯片放映”中的“动作设置”　　D. “幻灯片放映”中的“动作按钮”

25. “动作设置”对话框中的“鼠标移过”表示所设置的对象(　　)。

A. 采用单击鼠标执行动作的方式　　B. 采用双击鼠标执行动作的方式
C. 采用自动执行动作的方式　　D. 可以采用鼠标移过的方式执行动作

26. 在 PowerPoint 2003 中,如果要终止幻灯片的放映,则随时可按的终止键(　　)。

A. Delete　　B. Ctrl + E　　C. Shift + E　　D. Esc

27. 对于演示文稿中不准备放映的幻灯片可以用(　　)菜单中的“隐藏幻灯片”命令隐藏。

A. 格式　　B. 视图　　C. 幻灯片放映　　D. 编辑

28. 在幻灯片放映时要临时涂写,应该(　　)。

A. 按住右键直接拖拽　　B. 右击,选“指针选项”/“箭头”
C. 右击,选择“指针选项”/“圆珠笔”　　D. 右击,选“指针选项”/“屏幕”

29. 要使幻灯片在放映时能够自动播放,方法之一是为其设置(　　)。

A. 超级链接　　B. 动作按钮　　C. 排练计时　　D. 录制旁白

30. 在 PowerPoint 2003 中,“页面设置”对话框可以设置幻灯片的(　　)。

A. 大小、颜色、方向、起始编号　　B. 大小、宽度、高度、起始编号、方向
C. 大小、页眉页脚、起始编号、方向　　D. 宽度、高度、打印范围、介质类型、方向

31. 在演示文稿中选择了一张幻灯片,按下“Del”键,则(　　)。

A. 该幻灯片被删除,且不能恢复　　B. 该幻灯片被删除,但能恢复
C. 该幻灯片被删除,但可以从回收站恢复　　D. 该幻灯片被移到回收站内

32. 要为幻灯片中的某个对象添加动画效果,可以单击“幻灯片放映”菜单的(　　)命令。

A. 动作设置　　B. 自定义动画　　C. 幻灯片切换　　D. 动作按钮

33. 在演示文稿中要添加一张新的幻灯片,应该单击(　　)菜单中的“新幻灯片”命令。

A. 文件　　B. 编辑　　C. 插入　　D. 视图

34. 要更改幻灯片的大小,可通过(　　)命令来实现。

A. 在普通视图下直接拖拽幻灯片的四条边框
B. 在“常用”工具栏上的“显示比例”列表框中选择
C. 选择“格式”菜单中的“幻灯片版面设置”命令
D. 选择“文件”菜单中的“页面设置”命令

35. 下面对幻灯片打印的描述中,正确的是(　　)。

A. 须从第一张幻灯片开始打印
B. 不仅可以打印幻灯片,还可以打印备注或大纲
C. 须打印所有幻灯片
D. 幻灯片不能打印在纸上

36. 要以连续循环方式播放幻灯片,应使用“幻灯片放映”菜单中的(　　)命令。

A. 动画方案　B. 幻灯片切换　C. 自定义放映　D. 设置放映方式

37. 若要将一张表格链接到当前幻灯片中，则从“插入”菜单选择(　　)。

A. 超链接　B. 对象　C. 表格　D. 图表

38. 要打包演示文稿应使用的命令是(　　)。

A. “文件”菜单中的“打包成 CD”命令　B. “格式”菜单中的“打包”命令

C. “插入”菜单中的“打包”命令　D. “工具”菜单中的“打包”命令

39. 要在幻灯片中插入一张图片，应选择“插入”菜单的“图片”命令中的(　　)选项。

A. 文本框　B. 扫描仪　C. 来自文件　D. 图表

40. 要打印讲义，需要使用“文件”菜单中的(　　)命令。

A. 打印　B. 打印预览

C. 打印/打印内容选项/讲义　D. 以上都可以

41. 在 PowerPoint 2003 中，要更改幻灯片的版式，可使用(　　)菜单中的幻灯片版式命令。

A. 格式　B. 工具　C. 文件　D. 视图

42. 设置了超链接的文字颜色会发生变化，如果想这些文字和其他文字的颜色一致(包括超链接使用前和使用后)，我们可以使用(　　)命令。

A. 幻灯片版式　B. 背景　C. 幻灯片配色方案　D. 颜色

43. 在 PowerPoint 2003 中，幻灯片中声音的播放方式是(　　)。

A. 执行到该幻灯片时自动播放

B. 执行到该幻灯片时不会自动播放，须双击该声音图标才能播放

C. 执行到该幻灯片时自动播放，须单击该声音图标才能播放

D. 由插入声音图标时的设定决定播放方式

44. 在 PowerPoint 2003 的动画中，不能实现的功能为设置(　　)。

A. 对象出现的先后次序　B. 同一文本框中不同段落的出现次序

C. 声音的循环播放　D. 幻灯片的切换效果

45. 在 PowerPoint 2003 中，可以修改幻灯片内容的是(　　)视图。

A. 普通　B. 幻灯片浏览　C. 幻灯片放映　D. 备注页

46. 在 PowerPoint 2003 中，给幻灯片插入动作按钮，可以使用(　　)菜单。

A. “格式”　B. “插入”　C. “幻灯片放映”　D. “工具”

47. 在 PowerPoint 2003 中，在占位符中输入文本时首先要进行的正确操作是单击(　　)。

A. 占位符　B. “插入”菜单中的命令

C. “粘贴”按钮　D. “新建”按钮

48. 在 PowerPoint 2003 中，如果已经选择了幻灯片中的文本，则(　　)。

A. 被选定的文本闪烁显示　B. 被选定的文本反白显示

C. 被选定的文本字体发生变化　D. 状态栏出现提示

49. 在 PowerPoint 2003 中，可以调整幻灯片顺序、排练计时和查看多张幻灯片效果的视图是(　　)。

A. 大纲视图　B. 备注页视图　C. 幻灯片放映视图　D. 幻灯片浏览视图

50. 在 PowerPoint 中，下列关于设置幻灯片动画的描述中，正确的是(　　)。
A. 幻灯片中的对象一旦设置了动画就不能改变
B. 设置动画时不可以改变对象出现的顺序
C. 幻灯片中各个对象的动画可以不同
D. 每一个对象只能设置动画效果，不能设置声音效果

5.2.2　填空题

1. PowerPoint 2003 演示文稿的扩展名是__________。
2. 使用______菜单中的"背景"命令改变幻灯片的背景。
3. PowerPoint 2003 提供了________、大纲视图、幻灯片视图、__________、幻灯片放映视图和备注页视图等六种视图显示方式。
4. 在 PowerPoint 2003 幻灯片浏览视图下，按住 Ctrl 并拖动幻灯片，可以完成______________操作。
5. 在 PowerPoint 2003 窗口的"新建演示文稿"任务窗格中列出了__________、______________、设计模板和根据现有文稿等四种方法来创建新演示文稿。
6. 如果要在每张幻灯片相同的位置上出现同一张图片，不必在每张幻灯片上插入该图片，只要简单地将图片放在幻灯片的__________上，该图片就会自动地出现在演示文稿的每张幻灯片上。
7. 在 PowerPoint 2003 中，为幻灯片设置切换方式应使用"幻灯片放映"菜单下的__________选项。
8. 在 PowerPoint 2003 中，要插入图片时，应选择"插入"菜单中的__________命令。
9. 在 PowerPoint 2003 中，要创建表格时，应选择"插入"菜单中的__________命令。
10. 在 PowerPoint 2003 中，可以对幻灯片进行移动、删除、复制等操作，但不能对幻灯片的内容进行编辑的视图是____________。
11. 在 PowerPoint 2003 中，要设置幻灯片动画方案，可单击__________菜单中的__________命令。
12. 在幻灯片浏览视图中要选取不连续的多张幻灯片，应先按住________键，再分别单击各幻灯片。
13. 在 PowerPoint 2003 中，取消幻灯片中的对象的动画效果可通过执行__________命令来实现。
14. 一个演示文稿放映过程中，终止放映需要按键盘上的__________键。
15. 一张幻灯片内包含的文字、图形、图表、表格等称为______________。

5.2.3　操作题

1. 按以下要求使用"空演示文稿"的方法创建一个含有四张幻灯片的演示文稿

(1)第一张为标题幻灯片，标题为"自我介绍"，副标题的第一行为你的姓名，第二行输入当前日期。

(2)第二张幻灯片选择"标题和文本"版式，标题为"我的简介"，文本为你的年龄、爱好、特长和家庭住址等内容。

(3)第三张幻灯片选择"标题和表格"版式，标题内容为"我的简历"，表格为三行四列，

行标题分别为，“学校”、“最喜欢的老师”、“最喜欢的课”、“成绩”，在第二、三行中分别输入你所在小学和初中的名称、你最喜欢的老师和课程、成绩。

(4)第四张幻灯片选择“标题、文本和剪贴画”版式，标题内容为“现在的我”，文本内容为介绍你现在就读的学校、专业和专业介绍，在剪贴画位置插入一张剪贴画。

(5)把该演示文稿以“自我介绍”为名保存在D盘中，并播放该演示文稿。

2. 创建一个新的演示文稿，并在此文稿中按顺序制作以下三张幻灯片，完成以下操作

(1)将第一张幻灯片的标题设置成40磅，文本设置成26磅；第二张幻灯片标题设为44磅，副标题为32磅；第三张幻灯片标题36磅，文本28磅，字体均为宋体。

(2)将第一张和第三张幻灯片的切换方式设为：向下插入，第二张幻灯片的切换方式设为：中央向左右扩展；其他选项一致，均为：中速、单击鼠标换页、无声音。

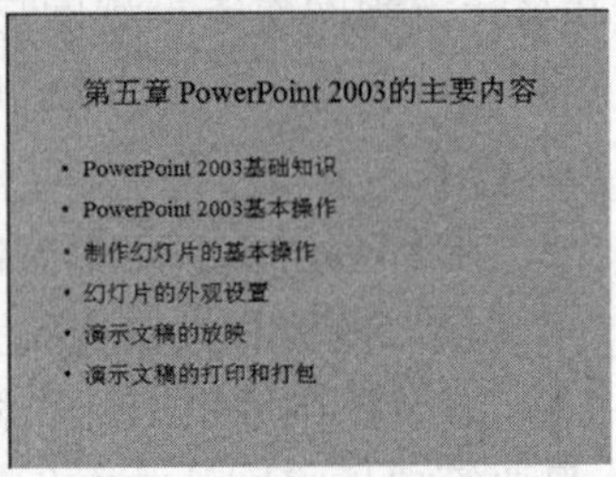

(3)将三张幻灯片中的标题和文本进行动画设置，均选择“飞入”、方向“自左侧”、速度“快速”、动画文本“按字母”发送等效果，其他选项按默认设置；第一张幻灯片中的图片动画效果设为“回旋”。

(4)将第一张幻灯片移动为第三张幻灯片，并用设计模板中的“Profile. pot”模板来装饰所有的幻灯片。

(5)播放该演示文稿，并以文件名“PoerPoint 2003 主要内容”保存该演示文稿。

参考答案

一、选择题

1. C	2. A	3. B	4. C	5. D	6. B	7. D	8. D	9. B	10. B
11. C	12. C	13. D	14. C	15. D	16. A	17. D	18. B	19. B	20. D
21. A	22. D	23. D	24. A	25. D	26. D	27. C	28. C	29. C	30. B
31. B	32. B	33. C	34. D	35. B	36. D	37. A	38. A	39. C	40. D
41. A	42. C	43. D	44. B	45. A	46. C	47. A	48. B	49. D	50. C

二、填空题

1. . PPT
2. 格式
3. 普通视图、幻灯片浏览视图
4. 复制
5. 内容提示向导　空演示文稿
6. 母板
7. 幻灯片切换

8. 图片
9. 表格
10. 幻灯片浏览视图
11. 幻灯片放映、动画方案
12. Ctrl
13. 自定义动画
14. Esc
15. 对象
16. 设计模板

三、操作题（答案略）

第 6 章 计算机网络基础和 Internet 应用

6.1 重点、难点提示

6.1.1 计算机网络基本知识

重点 1 计算机网络基本概念

1. 计算机网络

计算机网络就是利用通信设备和通信线路将分布在不同地理位置上的具有独立功能的计算机系统相互连接起来，在网络软件的控制下实现计算机资源共享和信息交换的系统。

计算机网络系统由网络硬件和网络软件组成。

2. 计算机网络的功能

计算机网络的主要功能是：

(1) 数据通信：是计算机网络最主要的功能之一。网络中的计算机系统，可以通过网络及时、高速地传递信息、交换数据。

(2) 资源共享：所谓的资源是指构成计算机网络系统的软、硬件资源。资源共享是指网络中的任何一台计算机都可以部分或全部地共享这些资源，以提高系统资源的利用率。

(3) 易于进行分布式处理：将一个比较大的任务分解成若干个子任务，分散到网络中不同的计算机中进行处理或计算，这对于进行重大的科学研究或科学计算是卓有成效的。

(4) 提高系统可靠性：由于在计算机网络中使用了负载调度、相互协作和备份等技术，在个别计算机系统出现故障时，网络中的其他计算机可以自动地接替其承担的任务，因此计算机网络相对于独立的计算机系统具有更高的可靠性。

重点 2 数据通信的有关概念（难点）

数据通信是指计算机网络中两台计算机或终端之间传输数据的过程，是通信技术和计算机技术相结合而产生的一种新的通信方式。

信道：信道是数据传输的物理通道，由传输介质和通信设备组成。

模拟信号和数字信号：数据以信号的方式在信道中传输，信号又分为模拟信号和数字信号。模拟信号是指用连续变化的物理量表示的信息，其信号的幅度，或频率，或相位随时间作连续变化，如广播中的声音信号和图像信号等；数字信号是一种离散的脉冲序列，在计算机中最常见的数字信号是幅度取值只有两种（0 和 1）的波形。用一系列断续变化的电压脉冲(如可用一段时间内恒定的正电压表示二进制数1,负电压表示二进制数0),或光脉冲来表示。计算机内部所处理的信号都是数字信号。

调制和解调:在利用电话线把计算机接入 Internet 的情况下,由于电话线传输的是模拟信号,所以必须把计算机中输出的数字信号转换成能在电话线上传输的模拟信号,才能把信息传送到 Internet 上,这一过程称为调制;同时,也必须把电话线上从 Internet 传来的模拟信号信息还原成数字信号,才能被计算机接收和处理,这一过程称为解调。调制解调器(MODEM)正是承担调制和解调功能的网络设备。

带宽与数据传输率:带宽是指在信道中,可以不失真地传输信号的频率范围,即信号所包含的各种不同频率成分所占据的频率范围;数据传输率是指在数字信号传输中,每秒传输的二进制位数。数据传输率(比特率)表示信道的传输能力。单位为:bps (或 b/s)、Kbps、Mbps、Gbps。

误码率:指数据传输过程中的出错率。误码率是通信系统的可靠性指标。在计算机网络中一般要求误码率低于百万分之一。

重点3　计算机网络的分类

计算机网络的分类是多种多样的。根据网络覆盖的地理范围的大小,可分为局域网、城域网、广域网三种;按交换方式可分为线路交换网络、报文交换网络和分组交换网络;按网络拓扑结构可分为星型网络、总线型网络、树型网络、环型网络和网状网络等。

1. 局域网(Local Area Network,LAN)

局域网是指在较小范围内的计算机相互连接所构成的网络,所覆盖的地理范围一般为几公里。如一幢大楼、一个单位内部。局域网具有传输速率高、误码率低、易于组建和维护等特点。

2. 城域网(Metropolitan Area Network,MAN)

网络所覆盖的地理范围一般为几公里至几十公里。传输速率较高。

3. 广域网(Wide Area Network,WAN)

覆盖地里范围一般为几十公里到几千公里。因特网就是广域网的一种。传输速率较低。

重点4　网络的拓扑结构

在计算机网络中,拓扑结构是指网络中的线路和节点的组成的图形的特征。网络的拓扑结构主要有:星型、环型、总线型等几种。

●星型结构,如图6-1所示:每一个节点都与主控机相连,任意两个节点之间的通信都要经过主控机进行。星型结构的优点是:结构简单、网络的故障容易发现、通信速度较快。其缺点是:中央节点的负担较重、各站点的分布处理能力较低、主控机的故障会引起网络瘫痪。

●环型结构,如图6-2所示:网络中各节点通过中继器连接到一个闭合的环型回路中,网络中的信息在环形回路中单向(或双向)传输。环型拓扑结构的优点是:结构简单、成本低,其缺点是:可靠性低,一个结点的故障就会引起网络的瘫痪。

●总线型结构,如图6-3所示:网络中的各个节点均和一根总线相连,网络中的所有节点都通过总线进行信息交换。总线型拓扑结构的优点是:可扩充性好、可靠性高,网络中某个节点的故障不会影响到整个网络。其缺点是:传输距离有限、故障诊断和隔离较难、分布式协议不能保证信息的及时传送因而不具有实时功能。

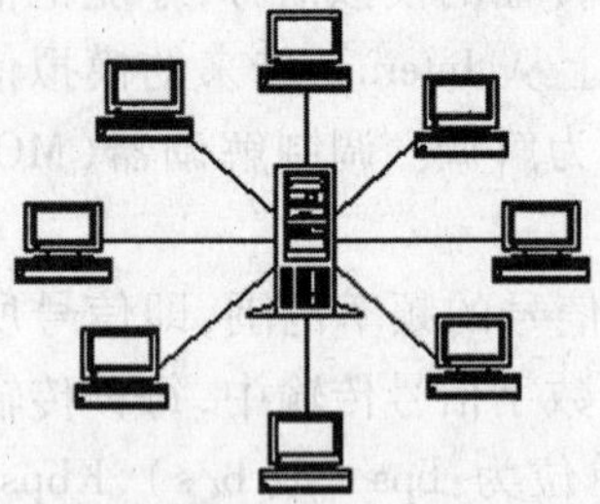
图6-1 星型结构

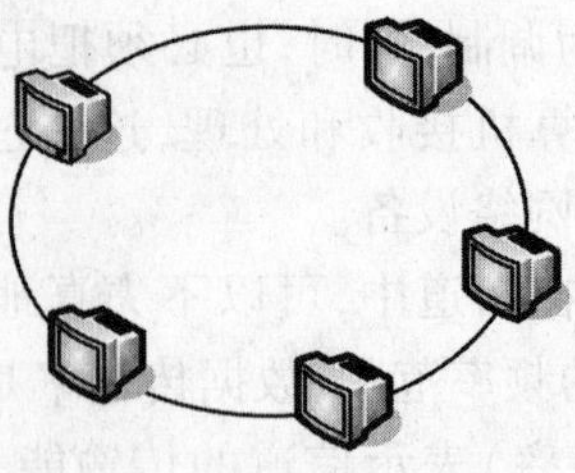
图6-2 环型结构

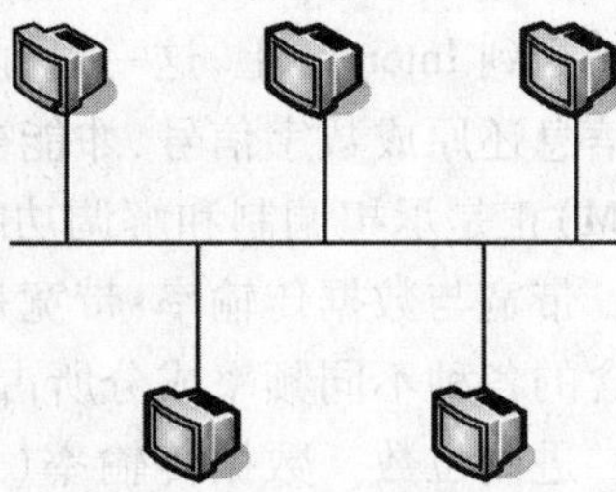
图6-3 总线型结构

重点5 局域网的组成

局域网由硬件、软件和网络规程三部分组成。硬件是组成计算机网络的物理设备,软件包括网络操作系统和应用软件,网络规程是指网络中的各种通信协议。

1. 网络硬件

●服务器:是局域网的核心硬件,负责网络资源管理和提供各种服务。

●客户机:即接入网络的计算机。客户机可以共享服务器的资源并请求服务器提供各种服务。

●传输介质:局域网中常用的传输介质有双绞线、同轴电缆和光缆。

●网卡:用来把计算机与通信线路连接起来,使得计算机与网络中其他计算机实现数据传输的设备。又称为网络接口卡或网络适配器。每一台连接到网络的计算机都必须安装网卡。

●集线器(HUB):集线器是一种信号转发设备。在局域网中,多台计算机通过双绞线与集线器相连、构成星型拓扑结构。

●中继器(Repeater):中继器用来延长网络传输距离。组网时,若网段已超过规定的最大距离,就要用中继器来延伸。

●路由器(Router):是实现局域网与广域网互联的设备,它会根据信道的情况自动选择和设定路由,以最佳路径,按前后顺序发送信号。

●调制解调器(Modem):是计算机通过电话线接入因特网的连接设备。

2. 网络操作系统

网络操作系统是计算机与网络的接口。它负责管理网络资源、提供高效、可靠的通信和各种服务。目前在局域网中常用的网络操作系统有 Windows NT/2003 Server、Linux、UNIX、NetWare 等。

3. 网络协议

网络协议是网络的基础和核心,网络中的计算机按照网络协议相互通信。目前常用的网络传输协议除了通行的 TCP/IP 协议外,还有 Novell 公司的 IPX/SPX 协议和 IBM 公司的 NetBEUI 协议等。

6.1.2　因特网基础知识

重点 1　因特网

因特网(Internet)是利用网络连接设备将世界范围内各种类型的网络,如局域网、数据通信网和公用电话交换网等互联起来,组成一个全球性的互联网络。它是目前世界上覆盖面积最大、信息资源最丰富的全球性计算机网络。在我国称为“因特网”或“国际互联网”。

Internet 始于美国国防部高级研究计划局 1968 年提出并资助的“ARPAnet”计划。

重点 2　因特网提供的服务

因特网提供的服务主要包括:

万维网(WWW)交互式信息浏览:也称为 Web 服务。万维网是利用超文本和超链接技术把 Internet 上不同地点的计算机中的信息有机地组织起来,供用户查询。这是因特网上发展最快和使用最广的服务。

电子邮件(E - mail):是因特网的一种基本服务。通过计算机终端和通信网络,通信双方可以快速、方便和经济地实现以文字、声音和图像等信息为内容的电子邮件的传递。只需有能连上因特网的计算机就可以使用电子邮件。

文件传输(FTP):FTP 文件传输服务允许用户在网络中将一台计算机上的文件传送到另一台计算机中。

远程登录(Telnet):允许用户在网络中的一台计算机上远程登录到另一台计算机上,然后可以像使用眼前的计算机一样使用该远程计算机的资源。

重点 3　OSI 参考模型(难点)

为了解决不同的厂家生产的计算机之间的通信问题,实现计算机通信的标准化,国际标准化组织(ISO)制定了“开放系统互联参考模型”,即 OSI 参考模型。

OSI 采用层次型的体系结构,共分为物理层、数据链路层、网络层、传输层、会话层、表示层、应用层七层,如图 6 - 3 所示。

物理层:是该模型的最底层。其作用是为数据链路层提供一个物理链接,传送比特流。物理层数据传送的基本单位是比特。

层次	开放系统
7	应用层
6	表示层
5	会话层
4	传输层
3	网络层
2	数据链路层
1	物理层

图 6 - 3　OSI 层次结构

数据链路层:负责建立、维持和释放数据链路的连接。即为网络层提供一个数据链路连接,进行数据传输。在该层中数据传送的基本单位是帧(frame)。

网络层:进行路由选择、阻塞控制和网际互联。网络层中传输的数据的基本单位是分组或包(Packet)。

传输层:为会话层提供一个主机到主机的透明优化的连接。是通信体系结构中最为关键的一层。传输层的数据传送单位是报文(Message)。

会话层:组织进程之间的通信,并管理数据交换。

表示层:解决采用不同编码的计算机系统之间的通信问题。

应用层:为该模型的最高层。为用户的应用程序提供网络服务。

重点4　TCP/IP 协议(难点)

TCP/IP 是用于计算机通信的一组协议,而 TCP 和 IP 是其中两个最重要的核心协议。TCP/IP 的中文译名为传输控制协议/因特网互联协议,又叫网络通讯协议。Internet 采用 TCP/IP 协议来控制网络中的数据传输。因此 TCP/IP 协议是 Internet 的基础和核心。特别是在当今 Internet 飞速发展的情况下,TCP/IP 协议已被公认为事实的标准,Internet 所遵循的 TCP/IP 参考模型也得到了广泛的应用。

TCP/IP 体系将网络划分为四层:应用层、传输层、网络层、网络接口层。

应用层:是 TCP/IP 协议的最高层。应用层向用户提供一组应用程序,如 E-mail,FTP,HTTP 等。应用层与 OSI 参考模型中的应用层、表示层、会话层相对应。

传输层:也称 TCP 层。负责进程之间的通信。它与 OSI 参考模型中的传输层相对应。

网络层:也称 IP 层。负责处理计算机之间的数据通信。它与 OSI 参考模型中的网络层相对应。

网络接口层:是该模型的最底层。负责接收网络层的 IP 数据报。它与 OSI 参考模型中的物理层和数据链路层相对应。

重点5　IP 地址和域名(难点)

1. IP 地址

每个连接在 Internet 上的主机都必须有一个唯一的可识别地址,称为 IP 地址。

IP 地址由两部分构成:网络地址和主机地址。因为 Internet 是由众多的不同的网络组成的,为了区别不同的网络,每一个网络都用一个号码来标识,此号码称为网络地址;而同一个网络中有不同的主机,每个主机也用一个号码来标识,此号码称为主机地址。

IP 地址用32位二进制数表示,为了管理方便,将每个 IP 地址分成四段(每8位分成一段),并用三个“.”隔开的四个十进制整数表示。如 IP 地址 01110011100101101111101110000101 可表示为115.150.251.133。其中每段十进制整数的范围都是0~255。

根据网络规模的大小不同,可将 IP 地址分为5类,其中 A、B、C 三类为基本地址。

各类网络的网络地址范围:0~127 为 A 类;128~191 为 B 类;192~223 为 C 类;D 类和 E 类留作特殊用途。

主机的 IP 地址由各级因特网管理机构分配。

2. 域名(Domain Name)

由于由数字组成的 IP 地址不便于记忆和使用,因此,TCP/IP 协议采用了一种字符型的主机命名机制,即域名。这样 Internet 中的每一台主机除了配有一个 IP 地址外,还可以使用一组具有助记功能的英文简写名来代替 IP 地址。主机的域名采用层次结构,各层次的子域名之间用圆点隔开。

域名的结构如下:

主机名.…第三级域名.第二级域名.第一级域名

在 Internet 中,用户可以使用 IP 地址,也可以使用域名。IP 地址和域名的相互转换由域名服务器完成。

第一级域名(也称顶级域名),使用标准代码。在美国第一级域名采用组织机构域名,其他国家采用所在地区的名称(由两个字母组成)作为第一级域名,如:cn 中国,uk 英国,jp 日本,ca 加拿大,de 德国。

国际上的一级域名标准代码如表 6 - 1 所示:

表 6 - 1 一级域名的标准代码

域名代码	意义	域名代码	意义
COM	商业机构	NET	互联网络
EDU	教育机构	ORG	其他非盈利组织
GOV	政府机构	INT	国际组织
MIL	军事部门	<countrycode>	国家代码(地理域名)

在我国,第一级域名是 CN,第二级域名使用机构域名和地区域名,共有 40 个。其中类别域名有六个,如表 6 - 2 所示,地区域名有 34 个。如:bj(北京市),sh(上海市),jx(江西省)、js(江苏省),zj(浙江省),fj(福建省)。

表 6 - 2 中国二级域名代码

域名代码	意义	域名代码	意义
COM	工商金融	NET	互联网络
EDU	教育机构	ORG	非盈利组织
GOV	政府机构	AC	科研机构

例如:

jxwst. gov. cn 是江西省卫生厅的域名。

pku. edu. cn 是北京大学的一个域名。

重点 6 因特网的接入方式(难点)

因特网接入方式有以下几种:

1. PSTN 拨号: PSTN(Published Switched Telephone Network 公用电话交换网)是通过调制解调器拨号实现接入的方式。PSTN 的最高速率为 56kbps,远远不能满足网络信息的传输需求,目前已淘汰。

2. ISDN 拨号:ISDN(Integrated Service Digital Network,综合业务数字网)利用一条 ISDN 用户线路,可以同时上网和拨打电话。ISDN 的极限带宽为 128kbps。ISDN 目前也已淡出市场。

3. DDN 专线:DDN (Digital Data Network)提供了高速度、高质量的通信环境,可以向用户提供点对点、点对多点透明传输的数据专线出租线路。DDN 的通信速率可根据用户需要在 N × 64kbps(N = 1 ~ 32)之间进行选择,速度越快租费越高。

4. ADSL:ADSL(Asymmetrical Digital Subscriber Line,非对称数字用户环路)是一种能够通过普通电话线提供宽带数据业务的技术, ADSL 因具备下行速率高、频带宽、性能优、安装方便等特点而深受广大用户喜爱,成为目前主流的因特网接入方式。ADSL 方案不需要改造信号传输线路,利用普通电话线作为传输介质,配上专用的 Modem 即可实现数据高速传输。

ADSL 支持上行速率 512kbps ~ 1Mbps,下行速率 1Mbps ~ 8Mbps。

5. LAN 接入:利用以太网技术,采用光缆 + 双绞线的方式对社区进行综合布线。可提供 10M 以上的共享带宽。社区采用以太网方式接入比其他的入网方式要经济。

6.1.3 因特网的应用

重点1 网页的有关概念(难点)

万维网 WWW (World Wide Web,全球信息网):万维网不是普通意义上的物理网络,而是一种建立在因特网上的分布式的、多平台的、交互式的、动态的、超文本超媒体信息查询系统,也是 Internet 的一种服务。

用户计算机必须使用 Web 浏览器(如 Internet Explorer)才能查看网页。网页就是用超文本标记语言(HTML)编写的 HTML 文档,也称 Web 页。每一个 Web 页都有一个唯一的地址(URL),多个相关的 Web 页构成一个 Web 站点,一个站点的起始 Web 页称为该站点的主页。放置 Web 站点的计算机称为服务器。

WWW 采用客户机/服务器模式。客户机是指连接到 Internet 上的用户计算机,客户机向服务器发出请求,服务器响应请求并把 Internet 上的 HTML 文档传输给客户机,客户机以网页的形式显示文档。Web 页的传输过程遵循超文本传输协议(HTTP)。

超文本和超链接:所谓超文本(Hypertext)是指包含了指向其他对象(如图形、声音、图像、视频或其他网页)的链接的文本。这种链接称为超链接(Hyper Link)。一个 Web 页中的文本可以包含众多的超链接,这些超链接把分布在各处的服务器中的各种形式的信息链接在一起。当鼠标指向超链接时,指针会变成手形,此时单击鼠标,就可以打开该链接所指向的网页。

统一资源定位器:万维网使用统一资源定位器(Uniform Resource Locator,URL)来标识 Web 页地址和访问该地址时所使用的网络传输协议。URL 的格式如下:

协议://主机 IP 地址或域名/路径/文件名

其中协议指服务方式或获得数据的方法,如 http、ftp、gopher 等。

打开某个 Web 页后,该 Web 页的 URL 会显示在浏览器的地址栏中。

重点2 浏览器及其窗口结构

浏览器是专门用于定位和访问 Web 页的程序。常用的浏览器是微软的 Internet Explorer(简称 IE)。

单击"开始"菜单中的 Internet Explorer 命令,或双击桌面上的 IE 图标,都可以启动 IE 浏览器。以 IE6.0 为例,浏览器启动以后的窗口如图 6-4 所示,该窗口是"凤凰网"的主页。

IE 浏览器的窗口由标题栏、菜单栏、工具栏、地址栏、主窗口和状态栏组成。

标题栏:显示当前 Web 页的名称。

菜单栏:提供浏览器的各项功能命令。

工具栏:以按钮的形式提供常用的部分 IE 功能命令,以方便用户操作。

地址栏:用来输入或显示当前页面的 URL 地址。

主窗口:用来显示打开的 HTML 文档。

状态栏:用来显示窗口的状态信息。

图 6－4　IE6.0 的窗口

利用 IE 窗口工具栏中的工具按钮，可以方便、快速地浏览网页。

后退：单击后返回到当前 Web 页之前显示的最后一个 Web 页。

前进：单击后显示下一个页面。若在此之前没有使用过"后退"按钮，则"前进"按钮不能使用。

停止：加载 Web 页时，单击该按钮可以中止该 Web 页的加载。

刷新：单击该按钮可以从服务器上重新下载并显示当前的 Web 页。

主页：单击该按钮将返回启动 IE 时显示的 Web 页。

重点 3　浏览器的使用

1. 打开指定的网页

在地址栏中输入某 Web 页的 URL 地址，按 Enter 键或单击地址栏右端的"转到"按钮，即可打开该 Web 页。在地址栏中输入网址时，可省略"http://www."，直接输入域名部分，省略的部分 IE 会自动补上。如输入"搜狐"域名"sohu.com"按 Enter 键，即可打开搜狐主页。

如果以前访问过某 Web 页，则可以在地址栏的下拉列表中选择该 Web 页地址，也可打开该 Web 页。

2. 使用超链接

单击网页中的任何超链接，就可以直接打开该超链接所指向的网页。

含有超链接的对象可以是文本、图片或其他对象。当鼠标指针指向某一对象时,如果鼠标指针变成手形,同时浏览器窗口的状态栏会显示当前超链接的 URL,表示该对象含有超链接,单击该超链接可打开相应的网页。

3. 保存网页和图片

浏览网页时,如果需要保存网页,可以单击“文件”菜单中的“另保存”命令,可以将当前 Web 页保存在本地计算机的指定文件夹中。需要使用该 Web 页时,可打开保存了该 Web 页的文件夹,双击其中所要打开的 Web 页文件,即可打开该 Web 页。

如果需要使用网页中的文字,可在“另存为”对话框中选择保存类型为“文本文件(*. txt)”选项,将网页保存为文本文件,再从文本文件中复制所需要的文本,也可以直接从网页上选定所需要的文本,再利用“复制”和“粘贴”命令,把选定的文字保存在其他文档(如 Word 文档)中。

如果要保存网页中的某一张图片,可用鼠标右击该图片,在快捷菜单中选择“图片另存为”命令,然后在打开的“保存图片”对话框中指定保存图片的文件夹和图片文件的名称,再单击“保存” 命令即可。

4. 更改主页

这里所说的“主页”,是指每次启动 IE 浏览器后所显示的 Web 页。更改主页的操作如下:

(1)在连接 Internet 的情况下,打开每次启动 IE 时希望显示的 Web 页。

(2)单击“工具”菜单中的“Internet 选项”命令,打开如图 6 – 5 所示的对话框。

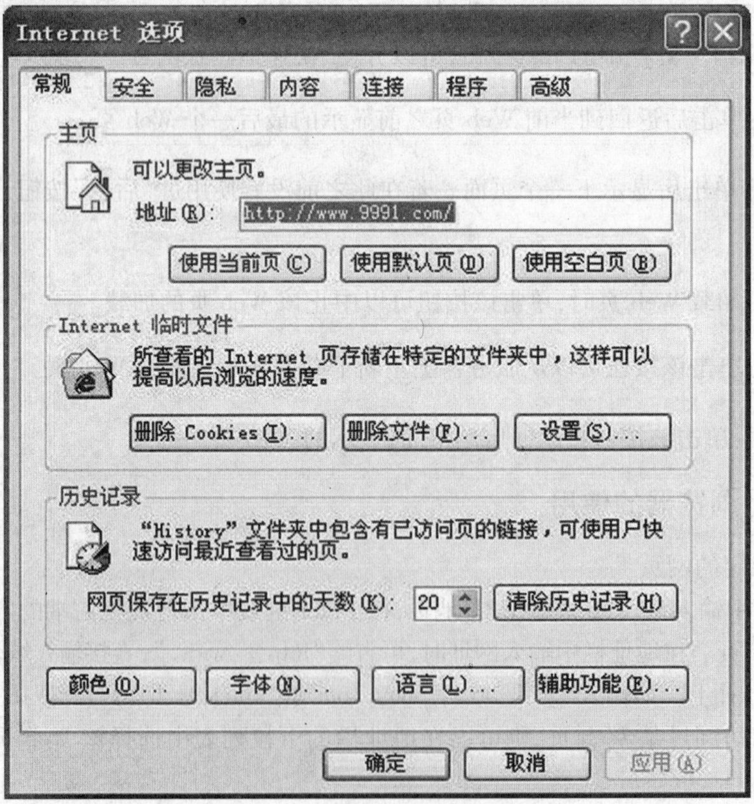

图 6 – 5 “Internet 选项”对话框

(3)在“常规”选项卡的“主页”框中单击“使用当前页”按钮。

(4)单击“确定”按钮,即完成更改。

5. 收藏夹的使用

收藏夹是IE为用户准备的专门存放网址的文件夹,用户可将需要保存的当前网址存放在收藏夹中以便于再次使用。

将当前Web页地址保存到收藏夹的操作如下:

(1)打开要收藏的网页。

(2)单击工具栏中的收藏夹

按钮,此时在IE窗口左侧出现一个收藏夹窗格。

(3)单击收藏夹窗格顶部的“添加”按钮,在弹出的“添加到收藏夹”对话框中单击“确定”按钮,即可把当前Web页地址添加到收藏夹中。

另外,在收藏夹窗格和需要收藏的Web页都已经打开的情况下,把地址栏中的网页地址左侧的图标用鼠标拖动到收藏夹窗口中,也可以收藏该网页地址。

要使用收藏夹中收藏的网页地址,可单击工具栏中的“收藏夹”按钮,在收藏夹窗口中单击需要打开的Web页名称,即可打开该Web页。

6. 历史按钮的使用

IE会自动将用户浏览过的网页地址按日期顺序保存在历史记录中,历史记录的保存时间可自行设置。

单击工具栏上的历史按钮,在IE窗口的左侧打开“历史记录”窗格,该窗格中列出了一段时间内的上网记录,单击指定日期的图标,该日期所浏览过的每一个Web站点分别以一个文件夹形式显示,单击某站点的文件夹图标,可显示所有浏览过的该站点的Web页,单击某个Web页即可打开该网页。

在图6-16所示中的“历史记录”框中,可以设置网页在“历史记录”中的保存天数,在此也可以删除历史记录。

重点4　信息搜索(难点)

网络中的信息搜索是指从Internet中寻找所需要信息的过程。信息搜索过程中需要使用搜索引擎。

目前,网络中常用的搜索引擎有谷歌Google、百度Baidu等。在搜索信息的时候,我们只要输入关键词就可以搜索相关信息。输入不同的关键词搜到的结果会不一样,为了更准确地收集到我们需要的信息。可以尝试把关键词上打双引号(关键词不分开),或者加上文件格式等。比如,直接输入“如何搜索信息”搜索到的结果中可能有许多无用的信息,为提高搜索效率,我们可以输入“如何搜索信息.PDF”、“如何搜索信息.DOC”、“如何搜索信息 filetype:pdf”或“如何搜索信息 filetype:doc”就可以搜索到免费的PDF或DOC格式的文档,从这些文档中可以发现很多有价值的内容。更多的提高搜索效率的方法,读者可以自已从网络中查阅。

重点5　电子邮件的基本知识(难点)

电子邮件(E - mail)是Internet上应用最广的服务之一。Internet上有许多处理电子邮件的计算机,称为邮件服务器。电子邮件采用存储转发的方式来传递,邮件从发信的计算机出发,经邮件服务器接收后,使用简单邮件传输协议(Simple message Transfer Protocol,SMTP),根据邮件地址把邮件有组织地送往Internet,经过传送路径上的多个节点存储和转发,到达目的邮箱。如果客户端的计算机有自己的邮箱账号,就可以使用邮局协议(Post Office Protocol,POP3)从邮件服务器的自己邮箱中读取邮件。

用户要收发电子邮件就必须要注册一个电子邮箱,电子邮箱是设在邮件服务器中的一个目录,每一个电子邮箱都有一个唯一可识别的电子邮件地址。

电子邮件地址的格式是:

<用户标识>@<主机域名>

电子邮件地址由三个部分构成:

用户标识:由与用户有关的字符组成,如姓名或缩写;@:读作"at";主机域名:电子邮箱所在的邮件服务器的主机域名。地址中间不能有空格或逗号。如:yhlhlx@163.com就是一个合法的电子邮箱地址。

电子邮件一般由信头和信体两部分组成。

信头部分包括:收件人地址、抄送和主题三个部分组成。"收件人"栏内要输入收件人的电子邮箱地址,收件人可以是多个,此时收件人地址之间要用分号(;)或逗号(,)隔开;"抄送"栏输入同时接收此邮件的其他人的电子邮箱地址;"主题"栏中输入描述此邮件内容的主题,可以是一句话或一个词。

信体部分包含信的正文内容,必要时还可以包含附件。

6.2　综合练习

6.2.1　选择题

1. 计算机网络的目标是实现(　　)。

A. 数据处理　　B. 文献检索　　C. 信息传输　　D. 资源共享和信息传输

2. (　　)是指通过网卡和电缆与网络服务器相连的计算机,它是网络中实际为用户操作的工作平台。

A. 网络服务器　　B. 工作站　　C. 传输介质　　D. 网络操作系统

3. 计算机网络是计算机与(　　)结合的产物。

A. 电话　　B. 通信技术　　C. 线路　　D. 各种协议

4. 计算机网络最突出的优点是(　　)。

A. 运算速度快　　B. 运算精度高　　C. 资源共享　　D. 存储容量大

5. 局域网的核心设备是(　　)。

A. 客户机　　B. 服务器　　C. 网卡　　D. 传输介质

6. 计算机网络的功能包括(　　)。

A. 资源共享 B. 数据传输
C. 易于进行分布式处理 D. 以上都是

7. 实现计算机网络需要硬件和软件，其中，负责管理整个网络各种资源、协调各种操作的软件（ ）。

A. 网络操作系统 B. 通信协议软件 C. OSI D. 网络应用软件

8. 调制解调器（Modem）的功能是实现（ ）。

A. 数字信号的编码 B. 模拟信号与数字信号的转换
C. 模拟信号的放大 D. 数字信号的整形

9. 要用电话线传送数字信号时，必须要使用（ ）。

A. 调制解调器 B. 网卡 C. 中继器 D. 同轴电缆

10. 传输率的单位是 bps，其含义是（ ）。

A. Bytes Per Second B. Baud Per Second C. Bits Per Second D. Billion Per Second

11. 表征数据传输可靠性的指标是（ ）。

A. 误码率 B. 频带利用率 C. 传输速度 D. 信道容量

12. 计算机网络按其覆盖地理范围进行分类，可分为局域网、城域网和（ ）。

A. 大型网 B. 小型网 C. 广域网 D. 中域网

13. 一幢大楼或一个单位内部的计算机进行联网，这个网络属于（ ）。

A. WAN B. LAN C. MAN D. GAN

14. 和广域网相比，局域网（ ）。

A. 有效性、可靠性均好 B. 有效性、可靠性均差
C. 有效性好，但可靠性差 D. 有效性差，但可靠性好

15. 广域网的英文简称是（ ）。

A. KAN B. LAN C. MAN D. WAN

16. 下列网络中，不属于局域网的是（ ）。

A. WAN B. 以太网 C. Novell 网 D. 3 + 网

17. 在计算机网络术语中，WAN 的中文含义是（ ）。

A. 以太网 B. 广域网 C. 互联网 D. 局域网

18. 局域网常用的基本拓扑结构有（ ）、环型和星型。

A. 层次型 B. 总线型 C. 交换型 D. 分细型

19. 下列属于计算机机网络所特有的设备是（ ）。

A. 显示器 B. UPS 电源 C. 服务器 D. 鼠标器

20. 网卡的主要功能不包括（ ）。

A. 网络互联 B. 将计算机连接到通信介质上
C. 实现数据传输 D. 进行电信号匹配

21. 要将计算机连入网络中，必须在该计算机中安装的硬件是（ ）。

A. 网卡 B. 通信接口板 C. 驱动卡 D. 网络服务板

22. 网络中各个接点相互连接的形式，叫做网络的（ ）。

A. 拓扑结构 B. 协议 C. 分层结构 D. 分组结构

23. 局域网的拓扑结构包括（ ）。

A. 环型结构　B. 星型和树型结构　C. 总线型结构　D. 以上都是

24. 不属于网络拓扑结构的是(　　)。

A. 环型　B. 星型　C. 总线型　D. 分支

25. 局域网的网络硬件主要包括网络服务器,工作站,(　　)和通信介质。

A. 计算机　B. 网卡　C. 网络拓扑结构　D. 网络协议

26. (　　)是网络的核心设备,它提供了网络文件系统、存储器的管理和调度等最基本的功能。

A. 工作站　B. 服务器　C. 网络操作系统　D. 通信协议

27. 局域网的网络软件主要包括(　　)。

A. 操作系统,网络数据库管理系统和网络应用软件

B. 网络操作系统,网络数据库管理系统和网络应用软件

C. 网络传输协议和网络应用软件

D. 工作站软件和网络数据库管理系统

28. 常用的有线通信介质包括双绞线、同轴电缆和(　　)。

A. 可见光　B. 红外线　C. 光缆　D. 激光

29. 下列传输介质中,抗干扰能力最强的是(　　)。

A. 微波　B. 光缆　C. 同轴电缆　D. 双绞线

30. 目前网络传输介质中传输速率最高的是(　　)。

A. 双绞线　B. 同轴电缆　C. 光缆　D. 电话线

31. 计算机网络中,通信传输介质中信息容量最大的是(　　)。

A. 双绞线　B. 同轴电缆　C. 光缆　D. 铜质电缆

32. 以下(　　)不可以作为计算机网络中的通信传输介质。

A. 双绞线　B. CD - ROM　C. 光缆　D. 同轴电缆

33. 集线器的功能是(　　)。

A. 多路复用　B. 存储转发　C. 中继　D. 分组交换

34. 所谓互联网,指的是(　　)所形成的网络。

A. 同种类型的网络系统相互连接起来

B. 同种或异种类型的网络系统相互连接起来

C. 大型主机与远程终端相互连接起来

D. 若干台大型主机相互连接起来

35. 最早出现的计算机网络是(　　)。

A. Internet　B. Bitnet　C. ARPAnet　D. Ethernet

36. 在我国,Internet 的中文名称是(　　)。

A. 邮电通信网　B. 局域网　C. 数据通信网　D. 因特网或国际互联网

37. 下列有关因特网的叙述中,(　　)是错误的。

A. 因特网是国际计算机互联网　B. 因特网是计算机网络的网络

C. 因特网上提供了多种信息网络系统　D. 万维网就是因特网

38. 下列有关因特网历史的叙述中,(　　)是错误的。

A. 因特网诞生于是 1969 年

B. 因特网最早的名字叫阿帕网

C. 因特网由美国国防部资助并建立在军事部门

D. 因特网由美国国防部资助但建立在 4 所大学和研究所

39. 下列有关因特网的叙述，(　　)是错误的。

A. Internet 是目前最大的广域网　　B. Internet 是一个结构松散的全球网

C. 很好的计算机才能接入 Internet　　D. Internet 最吸引人的应用之一是 E－mail

40. 把同种或异种类型的网络相互联接起来，叫做(　　)。

A. 广域网　　B. 万维网　　C. 局域网　　D. 互联网

41. 被称为信息高速公路的 Internet 上传送的是(　　)。

A. 文本信息　　B. 软件　　C. 多媒体信息　　D. 以上都是

42. 因特网是属于(　　)所有。

A. 美国政府　　B. 联合国　　C. 世界各国共有　　D. 中国政府

43. 因特网提供的主要服务包括(　　)。

A. E－mail　　B. Telnet　　C. FTP 和 WWW　　D. 以上都是

44. Internet 提供的基本服务是 WWW、远程登录、电子邮件和(　　)。

A. 上网　　B. 游戏　　C. 文件传输　　D. 看网络电影

45. FTP 的作用是(　　)。

A. 信息查询　　B. 远程登录　　C. 文件传输服务　　D. 电子邮件

46. 文件传输协议的简称是(　　)。

A. FTP　　B. TFD　　C. FPT　　D. TCP

47. Web(或 WWW)服务基于(　　)协议。

A. SMTP　　B. HTTP　　C. SNMP　　D. TELNET

48. 目前，因特网上最主要的应用最广泛的服务之一是(　　)。

A. E－mail　　B. Telnet　　C. FTP　　D. CHAT

49. 在 Internet 上，能供多人一起交流信息的服务是(　　)。

A. BBS　　B. WWW　　C. 索引服务　　D. 以上都是

50. OSI 开放系统互联参考模型的基本结构分为(　　)层。

A. 4　　B. 5　　C. 6　　D. 7

51. 不属于 OSI(开放系统互连) 参考模型七个层次的是(　　)。

A. 用户层　　B. 会话层　　C. 应用层　　D. 数据链路层

52. OSI 参考模型的最底层是(　　)。

A. 传输层　　B. 网络层　　C. 物理层　　D. 应用层

53. OSI 参考模型的最底层和最高层分别是(　　)。

A. 网络层和应用层　　B. 链路层和表示层

C. 物理层和应用层　　D. 传输层和会话层

54. 路由选择是 OSI 模型中(　　)层的主要功能。

A. 物理　　B. 数据链路　　C. 网络　　D. 传输

55. 在网络的各个节点上，为了顺利实现 OSI 模型中同一层次的功能，必须共同遵守的规则，叫做(　　)。

A. 协议　　B. TCP/IP　　C. Internet　　D. 以太

56. 为了能在网络上正确地传送信息，制定了一整套关于传输顺序、格式、内容和方式的约定，称之为(　　)。

A. OSI 参考模型　　B. 网络操作系统　　C. 通信协议　　D. 网络通信软件

57. TCP/IP 协议集由(　　)层组成。

A. 4　　B. 3　　C. 2　　D. 5

58. Internet 采用的基础协议是(　　)。

A. X. 25　　B. CSMA/CD　　C. TCP/IP　　D. CSMA

59. TCP/IP 协议是计算机在 Internet 中进行通信时必须共同遵循的一种(　　)。

A. 通信规则　　B. 信息资源　　C. 软件系统　　D. 硬件系统

60. 计算机网络是按照(　　)相互通信的。

A. 网络协议　　B. 传输装置　　C. 分类标准　　D. 信息交换方式

6.2.2　填空题

1. 最早出现的计算机网络是________。

2. 计算机网络按照其覆盖的地理范围大小可以分为______、______和______三类。

3. 目前家庭计算机用户接入 Internet 的主要方式是________。

4. E - mail 就是我们通常说的________，E - mail 地址的格式为________。

5. IP 地址由______位进进制数组成，并用______节十进制数来表示。

6. 局域网的传输介质主要是______、______和______。

7. 要利用电话线路来传输计算机数字信号，必须配置________。

8. 每一台连接在因特网上的计算机都分配有一个唯一可识别的________。

9. 计算机网络最主要的功能是______和______。

10. 局域网的网络拓扑结构主要有______、______和______三种。

11. WWW 网页内容是用______语言编写的，在传输过程中使用______协议。

12. 在 Internet 中对远程主机的文件上传或下载所采用的协议是________。

13. IP 地址都是由______和______两部分组成的。

14. HTML 的中文名称是________。

15. 超文本是用______的方法将不同位置的文字信息组织一起的网状文本。

16. URL 的中文名称是________。

17. Telnet 的作用是________。

18. 衡量计算机网络通信质量的指标是______和______。

19. Internet 提供的服务主要有______、______、______和______。

20. 计算机网络系统是由网络硬件和________两大部分组成的。

6.2.3　操作题

1. 打开中国卫生人才网 http://www.21wecan.com/，浏览护士执业资格考试的报考条件、报名办法、考试大纲、考试办法、护士执业注册管理办法、护士条例等内容，并收藏中国卫生人才网的主页。

2. 在 www.163.com 上注册免费邮箱,并发送邮件及附件给老师。

3. 利用浏览器搜索护士执业资格考试的复习题、复习方法和考试心得等内容并下载保存备用。

参考答案

一、选择题

1. D	2. B	3. B	4. C	5. B	6. D	7. A	8. B	9. A	10. C
11. A	12. C	13. B	14. A	15. D	16. A	17. B	18. B	19. C	20. D
21. A	22. A	23. D	24. D	25. B	26. B	27. B	28. C	29. B	30. C
31. C	32. B	33. B	34. B	35. C	36. D	37. D	38. C	39. C	40. D
41. D	42. C	43. D	44. C	45. C	46. A	47. B	48. A	49. A	50. D
51. A	52. C	53. C	54. C	55. A	56. C	57. A	58. C	59. A	60. A

二、填空题

1. ARPAnet
2. 局域网　城域网　广域网
3. ADSL(非对称数字用户环路)
4. 电子邮件　用户名@主机域名
5. 32　4
6. 同轴电缆　双绞线　光缆
7. 调制解调器
8. IP 地址
9. 数据传输　资源共享
10. 星型结构　总线型结构　环型结构
11. HTML　HTTP
12. FTP
13. 网络号　主机号
14. 超文本标记语言
15. 超链接
16. 统一资源定位器
17. 远程登录
18. 数据传输率　误码率
19. WWW　FTP　E-mail　Telnet
20. 网络软件

三、操作题(略)